W0026263

Autoren:
Dr. Klaus Lindner
Prof. Dr. Manfred Schukowski

Redaktion:
Bettina Rosenkranz

Einführung in die Astronomie

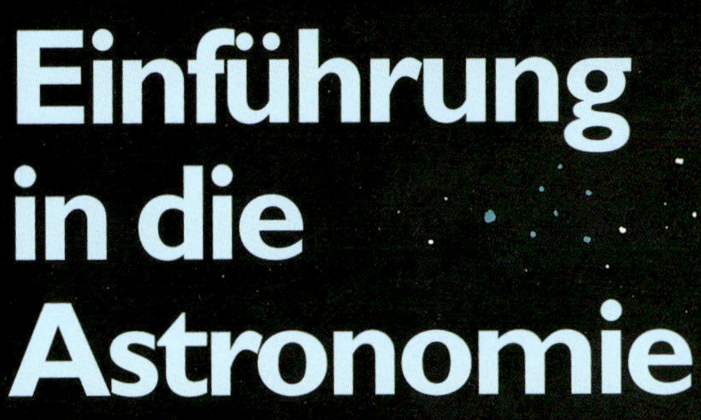

Seit Jahrtausenden betreiben die Menschen Astronomie, beobachten sie Erscheinungen und Vorgänge am Himmel, versuchen sie Kenntnis von den Gesetzmäßigkeiten zu erhalten, die diesen Erscheinungen und Vorgängen zugrunde liegen.

Gegenstand und Forschungsmethoden

Die Sternwarten der Welt richten in jeder klaren Nacht die großen Fernrohre zum Himmel. Ein breiter Strom von Beobachtungsdaten wird gewonnen und muß ausgewertet werden.

Das Wissen über die Himmelskörper und über das Geschehen im Weltall bereichert unser Leben, denn auch unser Planet Erde und wir selbst gehören zum Weltall.

Gegenstand der Astronomie

Die Astronomie, auch Sternkunde oder Himmelskunde genannt, ist eine Naturwissenschaft, die den Aufbau des Weltalls und die Materie im Weltall untersucht. Sie ist eine Grundlagenwissenschaft. Die Zeitmessung und das Kalenderwesen werden schon seit dem Altertum durch astronomische Beobachtungen begründet. Heute dient das Weltall den Astronomen als riesiges Laboratorium, in dem die Materie unter extremen, auf der Erde nicht erreichbaren Bedingungen untersucht werden kann. Dazu gehören zum Beispiel unvorstellbar hoher Druck und nahezu vollkommenes Vakuum, Temperaturen zwischen dem absoluten Nullpunkt und vielen Millionen Kelvin, ausgedehnte elektrische und magnetische Felder und hochenergetische Teilchenstrahlung.

Überblick über den Aufbau des Weltalls

Als **Weltall** (auch Kosmos oder Universum genannt) bezeichnet man den gesamten mit Materie erfüllten Raum. Er ist unvorstellbar groß. Von den entferntesten Himmelskörpern bis zu uns ist das Licht mehr als 10 Milliarden Jahre unterwegs; wir sehen daher diese Objekte nicht in ihrem heutigen, sondern in ihrem damaligen Zustand.
Auch die Erde gehört zum Weltall. Erde und Mond sind das kleinste System in einer Folge immer größer werdender Strukturen. Der Mond umläuft die Erde, beide Himmelskörper werden durch die Gravitationskraft zusammengehalten. Erde und Mond gehören dem **Sonnensystem** an, das neben den Planeten und ihren Monden auch viele kleinere Himmelskörper, wie Planetoiden, Kometen und Meteorite umfaßt. Sein Zentrum ist die Sonne, die wegen ihrer großen Masse das ganze System durch die Gravitationskraft beherrscht. 99,87 % der Mas-

se des ganzen Sonnensystems sind in der Sonne konzentriert, nur 0,13 % entfallen auf die anderen Körper. Die Sonne ist ein **Stern**, eine riesige Kugel aus Gas. Außer ihr gibt es im Weltall unzählige andere Sterne. Es sind ebenfalls Gaskugeln, und wahrscheinlich sind viele von ihnen von Planetensystemen umgeben, wie die Sonne. Sterne besitzen - im Gegensatz zu Planeten, Monden und anderen Körpern im Sonnensystem - innere Energiequellen; deshalb können sie Licht und Wärme, aber auch Radiowellen, Röntgenwellen und Ströme kleinster Teilchen in den Weltraum abstrahlen. Das Weltall ist nicht gleichmäßig mit Sternen erfüllt. Die Sterne drängen sich in großen Anhäufungen, den **Sternsystemen** (Galaxien), zusammen. Unsere Sonne gehört zu einem Sternsystem, das wir von innen als Milchstraße am Himmel sehen können. Wir nennen es deshalb das Milchstraßensystem. Außer den Sternen befinden sich in den meisten Sternsystemen auch diffuse Gas- und Staubmassen. Sie sind das Material, aus dem sich neue Sterne bilden können. Auch Galaxien bilden Anhäufungen. Man nennt sie **Galaxienhaufen**. Die Galaxienhaufen sind wiederum in **Superhaufen** konzentriert; dies sind die größten Struktureinheiten im Weltall (Bild 7/1). Alle kosmischen Körper und Systeme werden durch die **Gravitationskraft** zusammengehalten. Sie ist die Kraft, die das Geschehen im Weltall wesentlich bestimmt.

Forschungsmethoden der Astronomie

Beobachtung. Die wichtigste Forschungsmethode der Astronomie ist die Beobachtung der Strahlung, die von den Beobachtungsobjekten (Planeten, Sternen, Sternsystemen usw.) ausgeht oder reflektiert wird. Aber die astronomische Forschung besteht nicht aus Beobachtung allein. Mit Hilfe theoretischer Überlegungen erklärt der Astronom die beobachteten Erscheinungen und plant weitere Beobachtungen.
Im Gegensatz zu anderen Naturwissenschaften, wie z. B. der Physik, spielt in der Astronomie das Experiment als Forschungsmethode kaum eine Rolle. (Beim Experimentieren kann der Wissenschaftler die Bedingungen selbst bestimmen, unter denen der Gegenstand untersucht werden soll; er kann Temperatur, Druck, Stromstärke usw. selbst vorgeben. Das ist in der Astronomie fast nie möglich.) Ausnahmen bilden die Untersuchung von Mond- und Meteoritengestein sowie einige raumfahrttechnische Experimente.
Wichtigste Träger der Information sind in der Astronomie das **Licht** und andere, unsichtbare **elektromagnetische Wellen**, insbesondere Radiowellen, Infrarotstrahlung und Röntgenwellen. Es werden auch Teilchenstrahlungen beobachtet, um daraus weitere Informationen zu gewinnen. Nicht alle Strahlungsarten gelangen bis zur Erdoberfläche. Abgesehen davon, daß bei bewölktem Himmel fast gar keine astronomische Beobachtung möglich ist (nur Radiowellen durchdringen auch dicke Wolkenschichten), verändert die Erdatmosphäre auch bei klarem Himmel die ankommende Strahlung erheblich. 42 % dieser Strahlung werden an der äußeren Atmosphäre reflektiert, und die zur Erde gelangende Strahlung wird beim Durchgang durch die einzelnen Atmosphärenschichten unterschiedlich geschwächt. Ultraviolette Strahlung wird durch die Ozonschicht der Stratosphäre, infrarote durch den Wasserdampf und das Kohlendioxid der Troposphäre absorbiert.

Weltall
umfaßt alle Superhaufen

Superhaufen
sind Anhäufungen von Galaxienhaufen

Galaxienhaufen
bestehen aus Galaxien

Sternsysteme (Galaxien)
bestehen aus Sternen und Gas-Staub-Wolken
Unser Sternsystem ist das **Milchstraßensystem**.

Sterne
sind umgeben von Planeten
Unser Stern ist die **Sonne**.

Planeten
sind umgeben von Monden
Unser Planet ist die **Erde**.

Bild 7/1: Aufbau des Weltalls

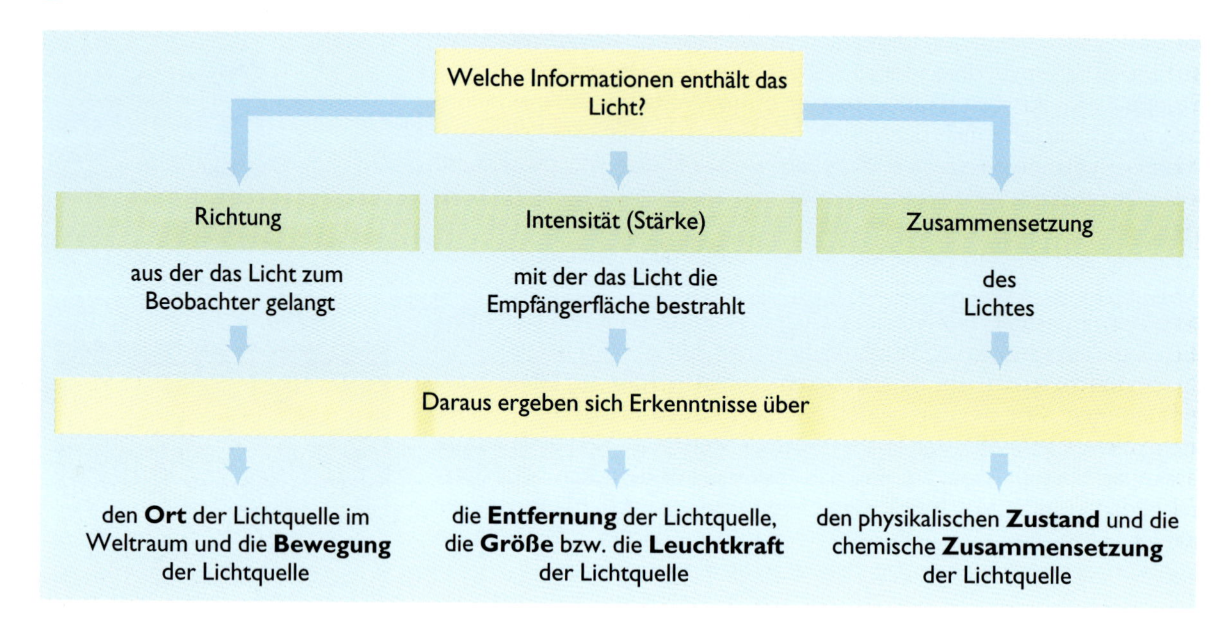

Eine vollständige Erfassung aller Strahlungsarten ist daher nur von Beobachtungsstationen außerhalb der Erdatmosphäre aus möglich (Erdsatelliten, Raumstationen). Um die in der Strahlung vorhandenen Informationen möglichst vollständig auszuwerten, werden neben der **Richtung**, aus der die Strahlung kommt, auch die **Stärke** und die **Zusammensetzung** der Strahlung untersucht.

Strahlungsempfänger. In den zurückliegenden Jahrhunderten stand für die astronomische Beobachtung lediglich das menschliche Auge als Strahlungsempfänger zur Verfügung. Seit Mitte des 19. Jahrhunderts wurden **fotografische Aufnahmen** der kosmischen Objekte möglich und im Laufe des 20. Jahrhunderts entwickelte sich die **fotoelektrische** Beobachtung.

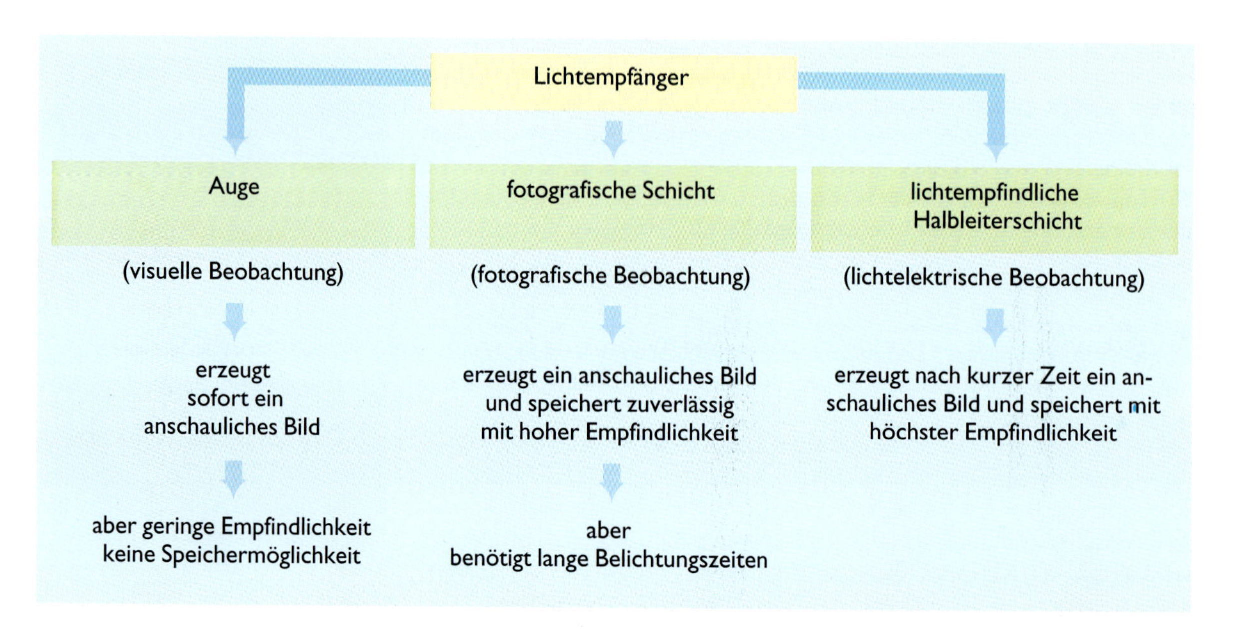

Beobachtungsinstrumente. Die astronomischen Beobachtungsinstrumente sammeln die ankommende Strahlung und leiten sie dem Strahlungsempfänger zu. Viele Instrumente erzeugen dabei eine Abbildung der Strahlungsquelle.
Mit dem bloßen Auge sind in Mitteleuropa in einer klaren und mondlosen Nacht etwa 3 000 Sterne sichtbar. Ein Schulfernrohr zeigt unter gleichen Bedingungen bereits mehr als 170 000 Sterne. Mit großen Fernrohren kann man viele Millionen Sterne beobachten.
Im astronomischen Fernrohr wird von dem jeweiligen Beobachtungsobjekt zunächst ein Zwischenbild erzeugt. Das geschieht entweder durch Linsensysteme (Linsenfernrohr) oder durch einen Hohlspiegel (Spiegelteleskop, Reflektor). Alle modernen Großteleskope sind Spiegelteleskope (Bild 9/2). Je größer ihr Spiegeldurchmesser ist, desto mehr Licht können sie sammeln und desto lichtschwächere Objekte lassen sich mit ihnen beobachten. Das derzeit größte astronomische Teleskop besitzt einen Spiegeldurchmesser von 6 m; Spiegeldurchmesser bis zu 8 m sind geplant.

Strahlungsart	Beobachtungsinstrumente
Licht	Fernrohre (Teleskope)
Radiowellen	Antennensysteme, Radioteleskope
Röntgenwellen	Zählrohre, Röntgenteleskope

Bild 9/1: Radioteleskop des Max-Planck-Instituts für Radioastronomie in Effelsberg (Eifel), das größte freibewegliche Radioteleskop der Welt

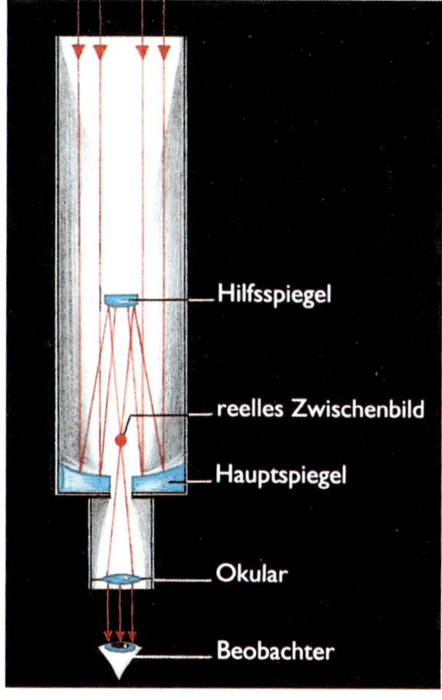

Bild 9/2: Strahlengang in einem Spiegelteleskop. Das Licht wird mittels eines Hilfsspiegels durch eine Öffnung im Hauptspiegel nach außen gelenkt. Bei visueller Beobachtung betrachtet der Beobachter das Zwischenbild durch ein vergrößerndes Okular.

Durch die Vereinigung mehrerer Spiegelflächen mit gemeinsamem Brennpunkt zu einem optischen System lassen sich sehr große Teleskope realisieren. Die Einzelspiegel und die ihnen zugeordneten Hilfsspiegel werden dabei durch Computer gesteuert, ihre gegenseitige Lage wird durch Laserstrahlen kontrolliert. Das erste derartige Mehrspiegelteleskop befindet sich auf dem Mt. Hopkins (Arizona, USA). Sechs Spiegel von je 1,8 m Durchmesser ergeben dort ein Gerät mit der optischen Leistung eines 4,8-m-Spiegelteleskops.

ZUSAMMENFASSUNG

Astronomie	Sternkunde, eine Naturwissenschaft, die den Aufbau des Weltalls und die Materie im Weltall untersucht
Beobachtung	wichtigste Forschungsmethode der Astronomie, analysiert die von den Beobachtungsobjekten kommende Strahlung nach Richtung, Stärke und Zusammensetzung
Strahlungsempfänger	Auge, fotografische Schicht, lichtempfindliche Halbleiterschicht
Beobachtungsinstrumente	Fernrohre, Radio- und Röntgenteleskope

Orientierung am Sternhimmel

Auf der Erde können wir uns nach dem Verlauf von Gebirgen, Flüssen usw. leicht orientieren und danach die Lage bestimmter Punkte beschreiben. Um auch ein Zurechtfinden am Sternhimmel zu ermöglichen, haben die Menschen schon im Altertum Gruppen von Sternen zu Sternbildern zusammengefaßt. Die Abgrenzung dieser Sterngruppen und ihre bildhafte Deutung sind willkürlich. Welche Möglichkeiten gibt es, den Ort eines Sterns am Himmel genau anzugeben?

Die scheinbare Himmelskugel

Die Erde als Beobachtungsstandort. Alle astronomischen Erscheinungen werden von der Erde aus an der scheinbaren Himmelskugel wahrgenommen. Da sich die Erde selbst in Bewegung befindet und ihre Oberfläche allseitig gekrümmt ist, sind die Bedingungen für die Sichtbarkeit eines Gestirns sowohl vom Beobachtungsort auf der Erde als auch vom Beobachtungszeitpunkt abhängig. (*Gestirn* ist ein Sammelbegriff für alle beobachtbaren Himmelskörper, wie Sonne, Mond, Planeten, Sterne usw.).
Das Wort *scheinbar* spielt in der Astronomie eine wichtige Rolle, weil alle Beobachtungen die Vorgänge am Himmel so zeigen, wie sie dem Beobachter *erscheinen*. Die wirklichen Vorgänge sind oft ganz anders und bleiben der direkten Beobachtung zunächst unzugänglich.
Die Erde führt eine **tägliche Drehung** (Rotation) um ihre Achse und eine **jährliche Bewegung** auf einer sehr kreisähnlichen Bahn um die Sonne aus. Relativ zur Sonne dreht sie sich in 24 Stunden einmal um ihre Achse (1 Sonnentag). Da sie in ihrer Bahn um die Sonne täglich um etwa 1° weiterrückt, dauert eine Umdrehung der Erde relativ zu einem bestimmten Stern nur 23 h 56 min (1 Sterntag). Die mittlere Entfernung Erde-Sonne beträgt $149{,}6 \cdot 10^6$ km. Sie wird als **Astronomische Einheit** (AE) bezeichnet und ist die Grundlage aller Entfernungsbestimmungen im Weltall. Die Zeitdauer eines Erdumlaufes um die Sonne heißt **Jahr**. Ein Jahr umfaßt rund 365 1/4 Tage. Da im Kalenderwesen nur mit ganzen Tagen gerechnet werden kann, tritt i. allg. alle 4 Jahre ein *Schaltjahr* (366 Tage) an die Stelle eines *Gemeinjahres* (365 Tage). Mit dem zusätzlichen Schalttag (29. Februar) wird die kalendarische Jahreslänge an die astronomische Jahreslänge angeglichen.

Punkte und Linien an der Himmelskugel. Der jeweils beobachtbare, über dem Horizont befindliche Teil des Himmels wölbt sich in Gestalt einer Halbkugel über dem Beobachter. Die **scheinbare Himmelskugel** ist ein Abbild des unbegrenzten Raumes, in den der Beobachter blickt. Sie dient als Hilfsvorstellung dazu, die von einem bestimmten Beobachtungsort aus sichtbaren Stellungen der Gestirne zu beschreiben. Vielfach wird sie auf Abbildungen so dargestellt, daß sich der Betrachter auf einem gedachten, außerhalb der Kugel (oder Halbkugel) angenommenen Standort befindet (Bild 11/1). Die Trennlinie zwischen dem sichtbaren und dem nicht sichtbaren Teil der scheinbaren Himmelskugel ist der **Horizont**. Als *mathematischer Horizont*, d. h. als exakte Kreislinie rund um den Beobachter, ist er im allgemeinen nur auf See sichtbar. Meist wird der Beobachter von einem unregelmäßigen *landschaftlichen Horizont* umgeben. Senkrecht über dem Beobachter befindet sich als gedachter Punkt der **Zenit**. Sein Gegenpunkt an der unsichtbaren Himmelshalbkugel ist der **Nadir**. Die gedachte Kreislinie, die durch Zenit, Südpunkt, Nadir und Nordpunkt führt, heißt **Meridian** des Beobachtungsortes. Alle Gestirne bewegen sich scheinbar auf parallelen Kreisbahnen um die beiden **Himmelspole** (Bild 11/2). Für Beobachter auf der Nordhalbkugel der Erde befindet sich der **Himmelsnordpol** über dem Horizont im Norden. Er ist duch den nahebei befindlichen *Polarstern* leicht aufzufinden. Der südliche Himmelspol ist von Europa aus nicht sichtbar. Zwischen beiden Polen verläuft durch den Standort des Beobachters die gedachte **Himmelsachse** (Bild 11/3). Der Winkel zwischen der Richtung zum Himmelsnordpol und der Richtung zum Nordpunkt des Horizonts (beides vom Beobachter aus gesehen) ist die **Polhöhe**. Sie ist stets gleich der geographischen Breite des Beobachtungsortes. Deshalb befindet sich der Himmelsnordpol für einen Beobachter in Nordeuropa höher am Himmel als für Beobachter in weiter südlich gelegenen Ländern.
Der größte Kreis an der scheinbaren Himmelskugel, dessen Ebene senkrecht zur Himmelsachse steht, ist der **Himmelsäquator**. Er teilt die Himmelskugel in eine nördliche und eine südliche Hälfte. Für einen Beobachter auf der Nordhalbkugel der Erde ist der über dem Horizont befindliche Teil des Himmelsäquators ein geneigter Halbkreis, der durch den Ostpunkt und den Westpunkt des Horizonts verläuft und im Süden, wo er den Meridian schneidet, seine größte Höhe erreicht. Diese Höhe des Himmelsäquators im Süden ist von der geographischen Breite des Beobachtungsortes abhängig. Wegen der Neigung des Himmelsäquators gegen den Horizont kann man auf der Nordhalbkugel der Erde auch Teile der südlichen Himmelshalbkugel sehen.

Sternbilder. Um eine Orientierung in der Vielfalt der Sterne an der scheinbaren Himmelskugel zu ermöglichen, wurden bereits im Altertum die hellsten Sterne mit Eigennamen versehen (z. B. Beteigeuze, Atair, Mizar). Diese Namen stammen zumeist aus dem arabischen oder griechischen Kulturkreis. Außerdem faßte man Gruppen von Sternen zu Vielecken oder geometrischen Figuren zusammen, die Namen aus der Mythologie des Altertums oder Phantasienamen erhielten. Diese Figuren werden als **Sternbilder** bezeichnet; die Verbindungslinien zwischen den Sternen eines Sternbildes folgen meist historischen Traditionen. Viele Sternbilder sind mit der Sagenwelt des Altertums verbunden.

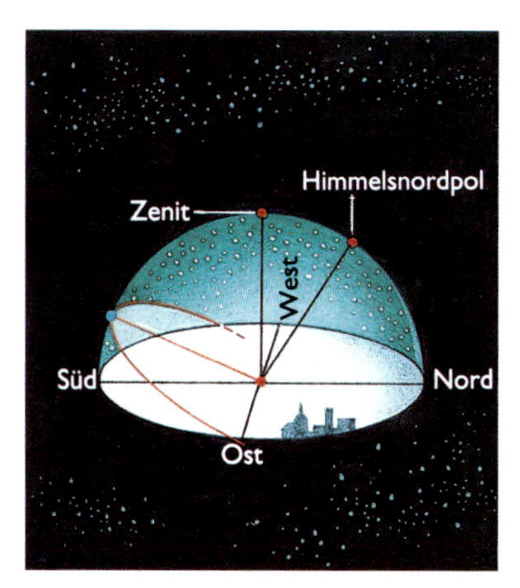

Bild 11/1: Scheinbare Himmelshalbkugel mit eingezeichneter Bahn eines Gestirns. Der Betrachter muß sich in Gedanken in den Mittelpunkt der Halbkugel versetzen.

Bild 11/2: Scheinbare tägliche Bewegung der Sterne

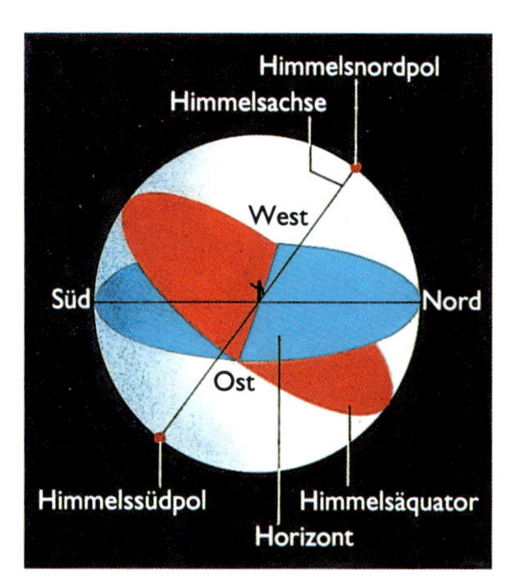

Bild 11/3: Scheinbare Himmelskugel mit Horizont, Himmelsachse und Himmelsäquator

Orion und der Skorpion

Eine griechische Sage

Orion war ein berühmter Jäger in Boiotien. Mit seinen beiden **Hunden**, einem **großen** und einem **kleinen**, ging er auf die Jagd. Orion hatte ein gutes Herz. Als der große Hund eines Tages einen **Hasen** hetzte, fand der Verfolgte Schutz zu Orions Füßen. Einem wütenden **Stier** trat er furchtlos mit seiner schweren Streitkeule entgegen.
Auf der Insel Chios wurde Orion durch den Stich eines **Skorpions** tödlich verwundet. Doch der Gott der Heilkunst **Asklepios** erweckte ihn wieder zum Leben.
Das erzürnte Hades, den Beherrscher der Unterwelt, und er beklagte sich bei Zeus. Mit einem Blitz erschlug Zeus den Asklepios.
Doch bald reute ihn diese Tat. Er verwandelte Orion, den Skorpion und Asklepios in Sterne und versetzte sie an den Himmel. An die eine Seite des Himmels setzte er Asklepios und Skorpion, an die andere Seite Orion mit seinen beiden Hunden. So entzog er Asklepios auf ewig die Möglichkeit, Orion wiederzuerwecken. Stehen die Sternbilder Skorpion und Asklepios (heute: **Schlangenträger**) über dem Horizont, so befindet sich Orion unter dem Horizont. Ist Orion am Himmel, dann sind Skorpion und Schlangenträger nicht zu sehen.
(Das Zeichen des Asklepios, eine sich um einen senkrechten Stab windende Schlange, wird noch heute als Symbol für die Medizin verwendet.)

Bild 12/1: Das Sternbild Orion in der Darstellung einer alten Sternkarte

Nur in wenigen Fällen gehören die Sterne eines Sternbildes auch im Raum zusammen. Sie befinden sich sehr unterschiedlich weit von der Erde entfernt. Die Sternbildfigur entsteht, weil der Beobachter unbewußt die Sterne an die scheinbare Himmelskugel projiziert (Bild 13/1). Sternbilder sind als Hilfsmittel für die Orientierung am Sternhimmel noch heute von Bedeutung. In wissenschaftlichen Himmelskarten wird auf die Verbindungslinien zwischen den helleren Sternen verzichtet; statt dessen sind durch internationale Vereinbarungen genaue Abgrenzungen zwischen den Sternbildern festgelegt worden (Bild 13/3b). Insgesamt gibt es an der scheinbaren Himmelskugel 88 Sternbilder.

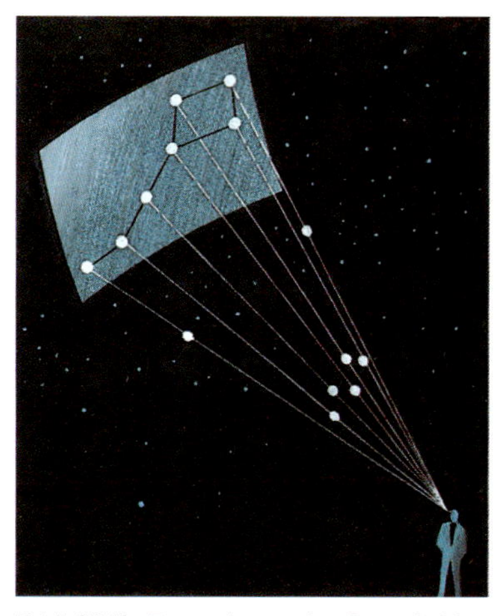

Bild 13/1: Entstehung des Sternbildes Großer Bär durch Projektion unterschiedlich weit entfernter Sterne an die scheinbare Himmelskugel

Bild 13/3: Zwei Definitionen der Sternbilder: a) als gedachte Figuren, b) als abgegrenzte Bereiche der scheinbaren Himmelskugel

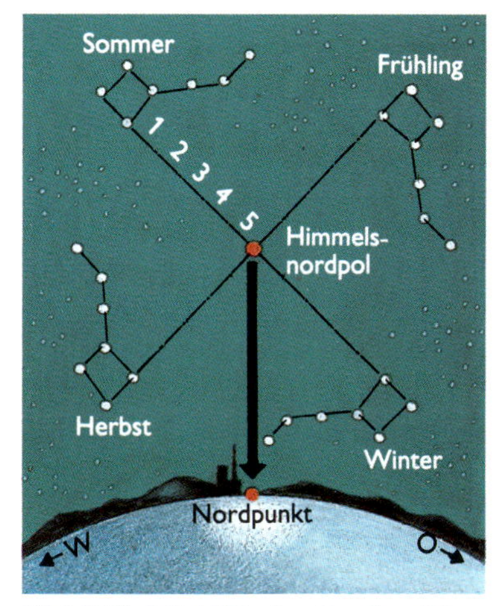

Bild 13/2: Mit Hilfe des Großen Bären findet man den Himmelsnordpol und kann damit den Nordpunkt des Horizonts bestimmen (Stellung des Großen Bären jeweils um 20 Uhr).

Die drehbare Sternkarte. Die meisten Sternkarten enthalten mehr Sterne und Sternbilder, als man zu einem bestimmten Zeitpunkt sehen kann. Auf ihnen sind z. B. auch die Sternbilder verzeichnet, die für den betreffenden Beobachtungsort erst in einigen Stunden aufgehen werden. Um den Anblick des Sternhimmels für eine beliebige Stunde eines beliebigen Tages festzustellen, bedient man sich einer drehbaren Sternkarte (Bild 13/4). Sie besteht aus einer Grundscheibe und einer Deckscheibe. Die Grundscheibe trägt das Kartenbild des nördlichen Sternhimmels mit allen Sternbildern, die im Verlaufe eines Jahres über dem Horizont beobachtet werden können. Die unterschiedlichen Helligkeiten der Sterne sind durch unterschiedliche Durchmesser der Sternscheibchen symbolisiert. Die Deckscheibe enthält einen ovalen Ausschnitt; seine Begrenzung ist ein Abbild des Horizonts. Alle innerhalb des Ovals befindlichen Sterne stehen gleichzeitig über dem Horizont.

Bild 13/4: Drehbare Sternkarte

Am Rande der Karte befinden sich eine Kalendereinteilung und eine Uhrzeitskala. Um den Anblick des Sternhimmels zu einem bestimmten Zeitpunkt zu erhalten, sind die beiden Scheiben so gegeneinander zu verstellen, daß sich die gewünschte Uhrzeit mit dem betreffenden Datum deckt.
Man müßte nun eigentlich die Karte so über sich halten, daß die auf dem Kartenhorizont angegebenen Himmelsrichtungen mit denen in der Natur übereinstimmen. Diese Unbequemlichkeit läßt sich aber vermeiden. Der Beobachter hält die eingestellte Karte so vor sich, daß die Himmelsrichtung, in der beobachtet werden soll, zu ihm weist.
Im Drehpunkt der Grundscheibe befindet sich der Himmelsnordpol, in der Mitte des ovalen Ausschnittes der Deckscheibe der Zenit.
Strenggenommen gilt eine drehbare Sternkarte nur für den Beobachtungsort, für den sie berechnet ist. Man kann aber z. B. eine für Berlin berechnete drehbare Sternkarte mit ausreichender Genauigkeit überall in Deutschland verwenden.
Die auf der Uhrzeitskala angegebenen Zeiten sind Ortszeiten. Der Unterschied zwischen der Ortszeit eines Beobachtungsortes und der Mitteleuropäischen Zeit hängt von der geographischen Länge eines Beobachtungsortes ab (siehe nebenstehende Tabelle).
Während der Geltungsdauer der Sommerzeit muß zu den auf der drehbaren Sternkarte angegebenen Zeiten eine Stunde addiert werden:
12 h Mitteleuropäische Zeit = 13 h Sommerzeit.

Länge	Uhrzeit
in Grad	in h und min
15	12. 00
14	11. 56
13	11. 52
12	11. 48
11	11. 44
10	11. 40
9	11. 36
8	11. 32
7	11. 28
6	11. 24

Scheinbare tägliche Bewegung. Die scheinbare tägliche Bewegung aller Gestirne an der Himmelskugel ist eine Widerspiegelung der Erdrotation; sie wird als scheinbare Rotation der Himmelskugel von Ost über Süd nach West um die Himmelsachse wahrgenommen. Eine Umdrehung der Himmelskugel dauert einen **Sterntag**. Könnte man 24 Stunden lang die Gestirne ununterbrochen beobachten, so würde man feststellen: Alle Gestirne beschreiben Kreise **parallel zum Himmelsäquator** (Bild 14/1). Die meisten Gestirne gehen daher in der Osthälfte des Horizonts auf und in der Westhälfte des Horizonts unter. Es gibt aber auch Sterne, die ständig über, und andere, die ständig unter dem Horizont bleiben. Solche Sterne heißen **Zirkumpolarsterne**. Für Beobachter in Deutschland sind z. B. alle Sterne des Sternbildes *Großer Bär* Zirkumpolarsterne.
Im Laufe seiner scheinbaren täglichen Bewegung geht jedes Gestirn innerhalb von 24 Stunden zweimal durch den Meridian des Beobachtungsortes. Dieser Durchgang wird als **Kulmination** des Gestirns bezeichnet. Je nachdem, ob die Kulmination südlich oder nördlich vom Himmelsnordpol erfolgt, unterscheidet man die **obere** und die **untere Kulmination**. Die untere Kulmination ist nur bei Zirkumpolarsternen beobachtbar. Befindet sich die Sonne in oberer Kulmination, so ist *Mittag*, zum Zeitpunkt ihrer unteren Kulmination ist *Mitternacht*.
Die scheinbare tägliche Bewegung der Sonne kann sehr anschaulich an einem Schattenstab verfolgt werden (Bild 14/2). Ein etwa 20 cm langer Stab wird senkrecht in eine Bohrung eines waagerechten Brettes gesteckt; er wirft im Sonnenlicht einen Schatten auf das Brett. Innerhalb kurzer Zeit kann man verfolgen, wie der Schatten des Stabes über das Brett wandert und dabei auch seine Länge verändert. Wenn der Schatten am kürzesten ist, kulminiert die Sonne und es ist Mittag. Dann weist der Schatten genau nach Norden.

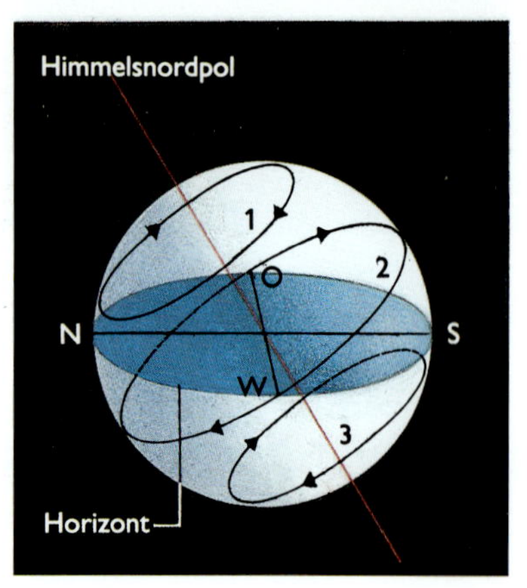

Bild 14/1: Zur Sichtbarkeit der Sterne:
1. Bahn eines Sterns, der nie untergeht,
2. Bahn eines Sterns, der auf- und untergeht,
3. Bahn eines Sterns, der nie aufgeht.

Bild 14/2: Schattenstab. Der Schatten des Stabes weist zu unterschiedlichen Zeiten in unterschiedliche Richtungen.

Da der Himmelsnordpol für Beobachtungsorte auf unterschiedlichen geographischen Breiten unterschiedlich hoch am Himmel steht, sind auch die Bahnen der Gestirne bei der scheinbaren täglichen Bewegung für solche Beobachtungsorte unterschiedlich stark gegen den Horizont geneigt (Bild 15/1).

Für Beobachter in hohen geographischen Breiten sind die scheinbaren Bahnen der Gestirne nahezu parallel zum Horizont; fast alle Gestirne sind zirkumpolar. Demgegenüber steigen die Gestirne für einen Beobachter in geringer geographischer Breite sehr steil am Horizont empor, und nur wenige Gestirne sind zirkumpolar. Auch die Lage der Sternbilder relativ zum Horizont unterscheidet sich für beide Beobachter beträchtlich. Ein Beobachter, der sich nahe dem Erdäquator befindet, kann im Laufe der Zeit fast den gesamten nördlichen und südlichen Sternhimmel sehen.

Beobachter auf der Südhalbkugel der Erde können den nördlichen Himmelspol nicht sehen. Für sie befindet sich dafür der Himmelssüdpol über dem Horizont. Im Gegensatz zum Himmelsnordpol ist dort jedoch kein auffälliger Stern zu finden. Auch für Beobachter auf der Südhalbkugel der Erde gehen die Gestirne in der Osthälfte des Horizonts auf, aber sie durchlaufen die obere Kulmination im Norden.

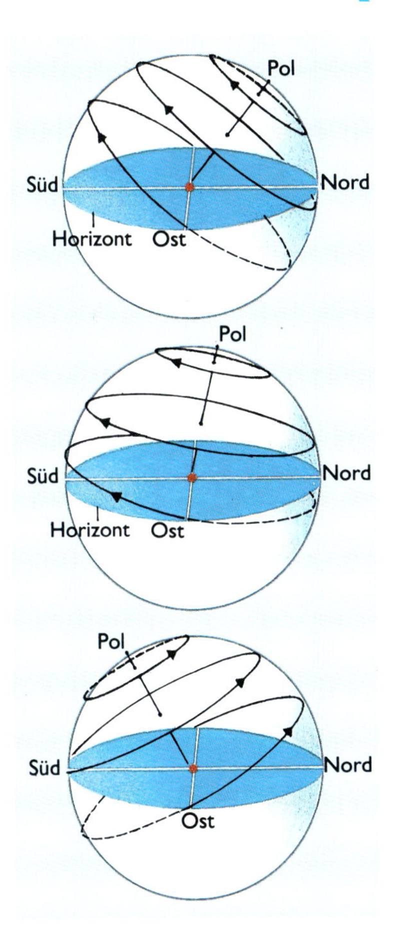

Bild 15/1: Die scheinbaren täglichen Bahnen der Gestirne a) von einem Beobachtungsort in geringer nördlicher Breite, b) von einem Beobachtungsort in hoher nördlicher Breite, c) von einem Beobachtungsort auf der Südhalbkugel der Erde aus gesehen.
Der Beobachter befindet sich jeweils im Kugelmittelpunkt.

Die jährliche Veränderung des Himmelsanblicks. Infolge der Umlaufbewegung der Erde um die Sonne scheint sich für einen Beobachter auf der Erde die Sonne langsam relativ zu den Sternbildern an der Himmelskugel zu bewegen. Da in der Ebene der Erdbahn vorwiegend Sternbilder mit Namen von Tieren liegen, wird dieser von der Sonne jährlich scheinbar durchlaufene Bereich als **Tierkreis** bezeichnet (Bild 15/2). Man sagt: „Die Sonne durchläuft die Tierkreissternbilder." In Wirklichkeit ist es die Bewegung der Erde, die dadurch wahrnehmbar wird.

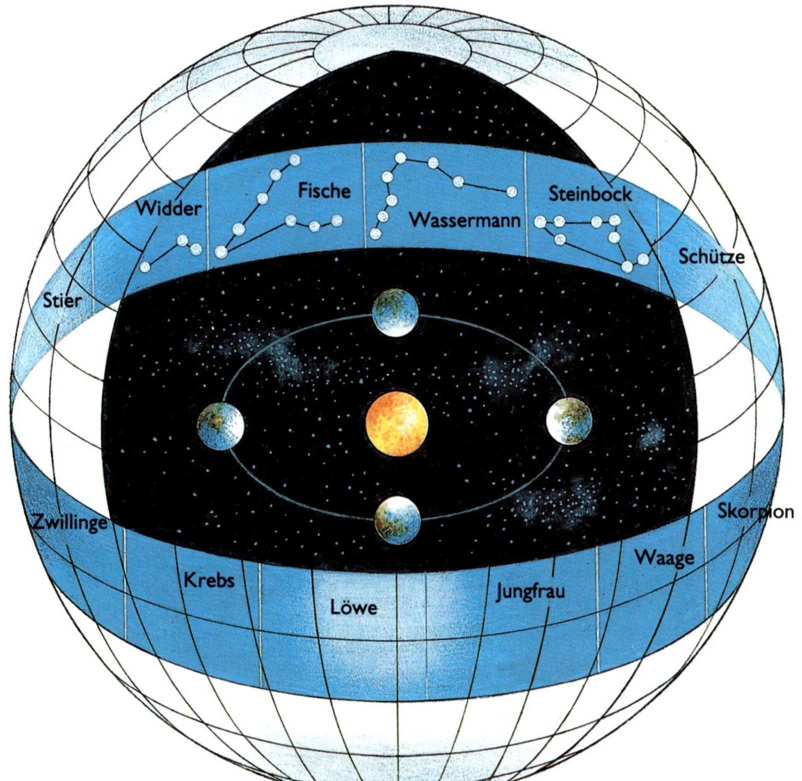

Bild 15/2: Die Jahresbahn der Erde um die Sonne widerspiegelt sich in einer scheinbaren Jahresbewegung der Sonne durch den Tierkreis.

Die Sternbilder des Tierkreises werden nacheinander von der Sonne überstrahlt und sind dadurch für einen Beobachter auf der Erde jeweils 1 bis 2 Monate lang unsichtbar. Beispielsweise scheint in den Tagen um den 21. März die Sonne, von der Erde aus gesehen, das Sternbild Fische zu durchlaufen. Es befindet sich zu dieser Zeit gleichzeitig mit der Sonne am Tageshimmel.
Die scheinbare jährliche Sonnenbahnlinie durch die Sternbilder des Tierkreises wird als **Ekliptik** bezeichnet. Ekliptik und Himmelsäquator sind gegeneinander geneigt; sie schneiden sich in zwei Punkten. Der Schnittpunkt, in dem die Sonne, von der Südhälfte des Himmels kommend, auf die Nordhälfte des Himmels überwechselt, trägt den Namen **Frühlingspunkt**. Er befindet sich im Sternbild Fische. Der Zeitpunkt, in dem der Sonnenmittelpunkt den Frühlingspunkt überquert, heißt **astronomischer Frühlingsanfang**. Den zweiten Schnittpunkt zwischen Ekliptik und Himmelsäquator bezeichnet man als **Herbstpunkt**. Er befindet sich im Sternbild Jungfrau.

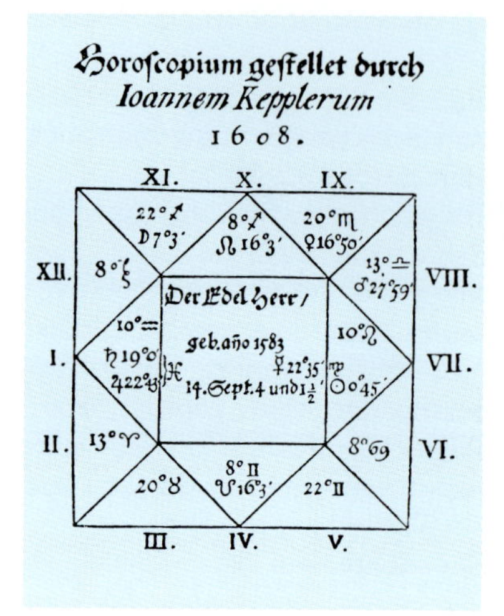

Bild 16/1: Horoskop des Feldherrn WALLENSTEIN, errechnet von JOHANNES KEPLER. Ein Horoskop ist eine graphische Darstellung der Stellung der Gestirne zum Zeitpunkt der Geburt eines Menschen.

Tierkreiszeichen. In der Antike wurde die Ekliptik in 12 gleichlange Abschnitte unterteilt, die nach den jeweils nächstliegenden Tierkreissternbildern benannt wurden. Diese Abschnitte heißen Tierkreiszeichen.
Wegen einer langsamen Verschiebung der Ekliptik gegenüber dem Himmelsäquator stimmen heute die Tierkreiszeichen und die gleichnamigen Sternbilder nicht mehr überein. So befindet sich z. B. der als „Zeichen des Stieres" benannte Ekliptikabschnitt im Sternbild Widder und der als Krebs bezeichnete Ekliptikabschnitt im Sternbild Stier.

Astrologie. Die Tierkreiszeichen spielen eine bedeutende Rolle in der Astrologie. Darunter versteht man eine antike Sternreligion bzw. ihre bis in unsere Zeit überlieferten Lehren. Bis in das Mittelalter waren Astronomie und Astrologie eng miteinander verbunden. Die Astrologie lehrte, daß das Schicksal und der Charakter eines Menschen durch die Stellungen von Himmelskörpern zur Zeit der Geburt dieses Menschen vorbestimmt seien. Sie war eine bemerkenswerte Erscheinung der Kulturgeschichte; vor allem förderte sie die Himmelsbeobachtung und damit auch die Astronomie. Viele bedeutende Astronomen des Altertums, des Mittelalters und der beginnenden Neuzeit haben sich auch mit Astrologie beschäftigt. Mit der Entwicklung der Astronomie zur Naturwissenschaft verlor die Astrologie ihre historische Rechtfertigung.

Achsenneigung der Erde. Die Erdachse steht nicht senkrecht auf der Erdbahnebene, sondern ist gegen diese um 66,5° geneigt. Sie behält aber während des ganzen Jahres ihre Richtung im Raum bei. Daher ist ein halbes Jahr lang die Nordhalbkugel der Erde zur Sonne gerichtet, in den folgenden 6 Monaten die Südhalbkugel.
Bei steilem Einfall der Sonnenstrahlung erwärmt sich die Erdoberfläche stark, für die betreffende Erdhalbkugel ist dann **Sommer**. Im Sommer befindet sich auch der jeweilige Pol der Erde außerhalb der Nachthälfte; es herrscht dort ein halbes Jahr lang ununterbrochen Tageshelligkeit (Polartag).
Im **Winterhalbjahr** bleibt für den betreffenden Pol die Sonne 6 Monate lang unter dem Horizont (Polarnacht).

Astronomische Koordinaten

Für eine grobe Orientierung am Himmel reicht die Einteilung der scheinbaren Himmelskugel in Sternbilder völlig aus. Anders ist es, wenn der Ort eines Gestirns ganz genau angegeben werden soll. Dann muß man die **Koordinaten** dieses Objekts nennen.
So, wie die Erdkugel von einem gedachten Gradnetz überzogen wird, kann man sich auch die scheinbare Himmelskugel mit einem Gradnetz versehen denken. Dafür gibt es mehrere Möglichkeiten.

Horizontsystem. Parallel zum (mathematischen) Horizont liegen die Parallelkreise des Gradnetzes. Sie werden zum Zenit hin immer kleiner. Senkrecht zum Horizont stehen die Vertikalkreise.

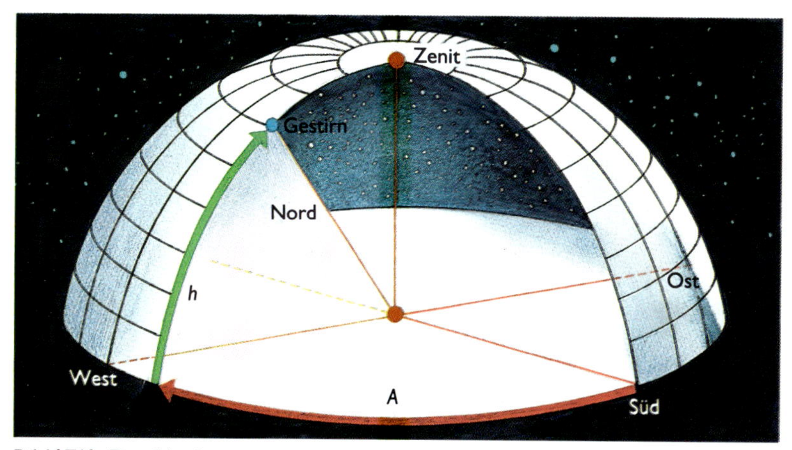

Bild17/1: Das Horizontsystem, von einem gedachten Standort außerhalb der scheinbaren Himmelskugel gesehen

Koordinaten eines Gestirns im Horizontsystem:

- **Höhe *h***, das ist der Winkel, den die Gerade Beobachter - Gestirn mit der Horizontebene bildet;
- **Azimut *A***, das ist die als Winkel angegebene und in Gradmaß ausgedrückte Himmelsrichtung.

Während die Höhe eines Gestirns zwischen 0° (Gestirn im Horizont) und 90° (Gestirn im Zenit) liegen kann, sind für das Azimut alle Werte zwischen 0° und 360° möglich.
Dafür sind zwei Zählweisen gebräuchlich (siehe Tabellen):
Die geowissenschaftliche Zählung des Azimuts wird auch in der Raumfahrt benutzt. Negative Azimutwerte gibt es nicht; negative Höhenangaben bedeuten, daß sich das Gestirn unter dem Horizont befindet.
Wegen der scheinbaren täglichen Bewegung der Gestirne und aufgrund der Kugelgestalt der Erde sind die Koordinaten des Horizontsystems vom **Beobachtungsort** und vom **Zeitpunkt** der Beobachtung abhängig. Deshalb ist es z. B. nicht möglich, das Gradnetz dieses Systems in eine Sternkarte oder einen Sternatlas einzutragen. Bei Messungen des Azimuts und der Höhe von Gestirnen müssen in jedem Falle auch der Beobachtungsort und der Beobachtungszeitpunkt angegeben werden. Von Vorteil ist jedoch bei diesem System, daß die Koordinaten mit sehr hoher Genauigkeit gemessen werden können.

geowissenschaftliche Zählung

Azimut	Himmelsrichtung
0° = 360°	Nord
90°	Ost
180°	Süd
270°	West

astronomische Zählung

Azimut	Himmelsrichtung
0° = 360°	Süd
90°	West
180°	Nord
270°	Ost

Rotierendes Äquatorsystem. Um ein Gradnetz zu definieren, dessen Koordinaten von Ort und Zeit unabhängig sind, überträgt man das Koordinatensystem der Erdkugel (geographische Länge und geographische Breite) auf die scheinbare Himmelskugel (Bild 18/1).
Man denkt sich die scheinbare Himmelskugel mit einem Gradnetz überzogen, dessen Meridiane, hier **Stundenkreise** genannt, sich in den Himmelspolen schneiden.
Wie der Erdäquator bei der Erde umspannt der Himmelsäquator die Himmelskugel.
Dieses Koordinatennetz nimmt an der scheinbaren täglichen Umdrehung des Sternhimmels teil.
Koordinaten eines Gestirns im rotierenden Äquatorsystem:

- **Rektaszension** α, das ist der Winkel zwischen den Stundenkreisen des Gestirns und dem Frühlingspunkt. Die Rektaszension entspricht der geographischen Länge und wird auf dem Himmelsäquator entgegen der Richtung der scheinbaren täglichen Bewegung gezählt. Nullpunkt dieser Zählung ist der Frühlingspunkt. Die Rektaszension wird in Zeitmaß (h, min, s) angegeben.
  Dabei gilt: $360° \mathrel{\hat{=}} 24$ h, $15° \mathrel{\hat{=}} 1$ h, $1° \mathrel{\hat{=}} 4$ min.
- **Deklination** δ, das ist der Winkelabstand des Gestirns vom Himmelsäquator. Sie wird auf dem Stundenkreis des Gestirns vom Äquator aus nach dem Himmelsnordpol von 0° bis +90° und nach dem Himmelssüdpol von 0° bis -90° gezählt.

Die Koordinaten des rotierenden Äquatorsystems sind unabhängig vom Beobachtungsort und vom Beobachtungszeitpunkt. Ausnahmen bilden bewegte Objekte, z. B. die Sonne, der Mond und die Planeten. Deren Rektaszensionen und Deklinationen verändern sich mit der Zeit, allerdings in der Regel nur sehr langsam.

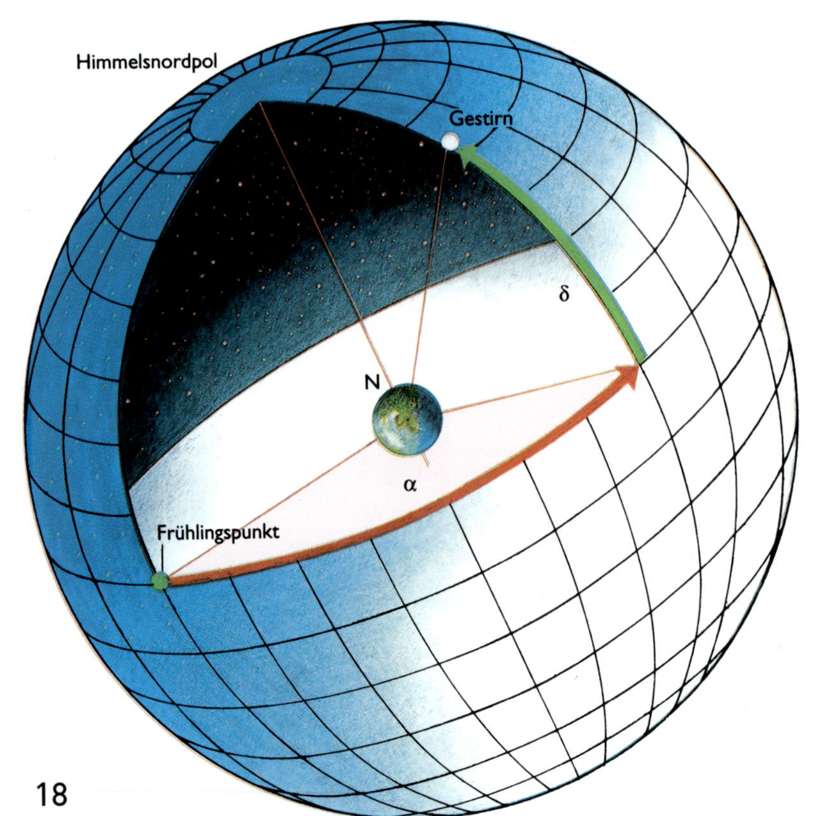

Bild 18/1 Gradnetz des rotierenden Äquatorsystems

Das Koordinatennetz des rotierenden Äquatorsystems kann man sich dadurch entstanden denken, daß das Koordinatennetz der Erde an die scheinbare Himmelskugel projiziert wurde. Dann ist der Himmelsäquator eine Projektion des Erdäquators, die Himmelspole ergeben sich als Projektionen der Erdpole.
Die Parallelkreise (Deklinationskreise) entsprechen den Breitenkreisen auf der Erde.
Das rotierende Äquatorsystem wird vorzugsweise als Grundlage für Sternkarten und Himmelsgloben (Bild 19/1) genutzt.
Während jedoch Sternkarten die Sternbilder so wiedergeben, wie man sie von der Erde aus erblickt, sind die meisten Himmelsgloben so entworfen, daß sich der Betrachter eigentlich im Globusmittelpunkt befinden müßte, um den Sternhimmel in naturgetreuer Darstellung zu sehen.
Von außen betrachtet, erscheinen die Sternbilder daher seitenverkehrt.

Bild 19/1: Himmelsglobus mit dem Gradnetz des rotierenden Äquatorsystems

AUFGABEN

1. Erläutern Sie, wie man, vom Großen Bären (Großen Wagen) ausgehend, den Polarstern am Himmel auffinden kann!
2. Erklären Sie den Unterschied zwischen Sterntag und Sonnentag!
3. Wie groß ist die Polhöhe an Ihrem Schulort?
4. Demonstrieren Sie mit Hilfe eines Globus die Rotation der Erde und erklären Sie die Entstehung von Tag und Nacht!

Lösen Sie die Aufgaben 5 bis 9 mit Hilfe der drehbaren Sternkarte!

5. Benennen Sie die auf dem Bild 13/3a dargestellten Sternbilder!
6. In welcher Jahreszeit steht das Sternbild Löwe um Mitternacht im Osten?
7. Beschreiben Sie den Anblick des Sternhimmels heute abend, 21 Uhr! Geben Sie an, welche Sternbilder am Süd-, West-, Nord- und Osthimmel und welche in der Nähe des Zenits zu sehen sein werden!
8. Am 1. Oktober um 19.30 Uhr befindet sich ein heller Stern genau im Süden. Wie heißt er und zu welchem Sternbild gehört er?
9. Wie lange befindet sich der Stern Regulus im Sternbild Löwe am 1. April über dem Horizont? Kann man ihn während dieser Zeit - wolkenlosen Himmel vorausgesetzt - ständig sehen?
10. Welche Zeitspanne benötigt die Erde, um bei ihrer Rotation um die eigene Achse einen Winkel von 90° (15°; 1°) zurückzulegen?
11. Wie groß ist der Winkel, um den sich die Erde in ihrer Bahn um die Sonne pro Tag weiterbewegt? (Betrachten Sie bei dieser Aufgabe die Erdbahn als Kreisbahn!)
12. Wie verlaufen die scheinbaren täglichen Bahnen der Gestirne für einen Beobachter
    a) am Erdäquator,
    b) am Erdnordpol?
13. Ein Beobachter in Rostock und ein Beobachter in Budapest visieren am gleichen Tage und zum gleichen Zeitpunkt den Stern Sirius im Sternbild Großer Hund an. Sie stellen folgende Koordinaten des Sterns fest:

	Rostock	Budapest
Azimut	26°	34°
Höhe	16°	20°

    Erklären Sie, weshalb die Koordinaten so große Unterschiede aufweisen!
14. Die Deklination des Polarsterns beträgt 89,25°. Wie weit ist der Polarstern vom Himmelsnordpol entfernt?

ZUSAMMENFASSUNG

scheinbare Himmelskugel	gedachte Kugelfläche um den Beobachter, auf der die Gestirne gesehen werden
scheinbare Bewegungen der Gestirne	a) tägliche Bewegung (Sterntag, 23 h 56 min; Sonnentag, 24 h); Widerspiegelung der Erdrotation b) jährliche Bewegung (Jahr, 365 1/4 Tage); Widerspiegelung des Erdumlaufes um die Sonne
Zenit, Nadir	Punkte an der scheinbaren Himmelskugel senkrecht über und unter dem Beobachter
Meridian	gedachte Kreislinie an der scheinbaren Himmelskugel durch Zenit, Südpunkt, Nadir, Nordpunkt
Himmelspole	Punkte an der scheinbaren Himmelskugel, die bei der täglichen Bewegung der Gestirne in Ruhe verbleiben; Projektionen der Erdpole an die scheinbare Himmelskugel
Himmelsäquator	Projektion des Erdäquators an die scheinbare Himmelskugel
Sternbild	Gruppe von Sternen an der scheinbaren Himmelskugel; Orientierungshilfe
Zirkumpolarsterne	Sterne, die ständig über oder unter dem Horizont verbleiben
Kulmination	Durchgang eines Gestirns durch den Meridian
Ekliptik	scheinbare Jahresbahn der Sonne an der Himmelskugel
Tierkreis	Bereich der Sternbilder, durch die die Ekliptik verläuft
Frühlingspunkt, Herbstpunkt	Schnittpunkte des Himmelsäquators mit der Ekliptik
Horizontsystem	Koordinatensystem an der scheinbaren Himmelskugel, das vom Horizont des Beobachters ausgeht *Koordinaten:* *Azimut* (Himmelsrichtung als Winkel angegeben) *Höhe* (Winkelabstand des Gestirns vom Horizont)
rotierendes Äquatorsystem	Koordinatensystem an der scheinbaren Himmelskugel, das vom Himmelsäquator ausgeht *Koordinaten:* *Rektaszension* (auf dem Himmelsäquator gemessener Winkel zwischen den Stundenkreisen des Gestirns und dem Frühlingspunkt, angegeben in Zeitmaß) *Deklination* (Winkelabstand des Gestirns vom Himmelsäquator)

Das Sonnensystem

Unsere Erde ist ein Teil des Sonnensystems. Wollen wir den Bau des Weltraums erforschen und die Stellung der Erde und der Menschen im Kosmos verstehen, dann müssen wir die Körper des Sonnensystems, ihre Unterschiede, ihre Bewegungen und ihre Entwicklungsgeschichte kennen.

Das Sonnensystem - unsere Heimat im Weltall

Neugier, Phantasie und Forscherdrang haben die Menschen von altersher veranlaßt, den Rätseln der Himmelserscheinungen nachzuspüren. Dabei ging es auch um die Stellung der Erde im Kosmos.

In einem langen Prozeß entwickelte sich ein Bild von der Stellung der Erde im Sonnensystem. Die Erde hat Geschwister, die mit ihr gemeinsam die Sonne umlaufen. Wer alles gehört zu dieser Familie?

Vorstellungen über das Sonnensystem

Wir befinden uns im Sonnensystem in der Situation des mitbewegten Beobachters. Das menschliche Wissen über den Aufbau dieses Systems, seine Mitglieder und die wirkenden Gesetze ist in einem langen Zeitraum gewachsen.
Bereits im Altertum wurde erkannt, daß es zwei Gruppen von Himmelskörpern gibt: Man beobachtete Sterne, die ihren Ort beibehielten und andere, die über den Himmel wanderten. Sie wurden **Fixsterne** und **Wandelsterne** genannt. Zu den letzteren rechnete man neben Merkur, Venus, Mars, Jupiter und Saturn auch die Sonne und den Mond. Man glaubte, daß die Erde als Scheibe im Weltenmeer ruht und daß die sieben Wandelsterne um dieses Zentrum der Welt kreisen. Der Himmel bildete die Grenze zwischen dem Diesseits und dem Jenseits. An ihm sind die Fixsterne befestigt, die gemeinsam mit der Himmelskugel die Erde umkreisen. Außerhalb der von der Sternsphäre abgeschlossenen Welt befindet sich das Paradies (Bild 23/1).

Der alexandrinische Gelehrte CLAUDIUS PTOLEMÄUS (um 90 bis um 160 n.Chr.) hatte das bis dahin aus der Himmelsbeobachtung gewonnene astronomische Wissen zu einem Bild von der Welt zusammengefaßt. Danach steht die kugelförmige Erde in der Weltmitte und wird von den Planeten (einschließlich Sonne und Mond) umkreist. Dieses geozentrische oder ptolemäische Weltbild befand sich in Übereinstimmung mit philosophischen und religiösen Auffassungen seiner Zeit und wurde lange allgemein anerkannt (Bild 23/2).

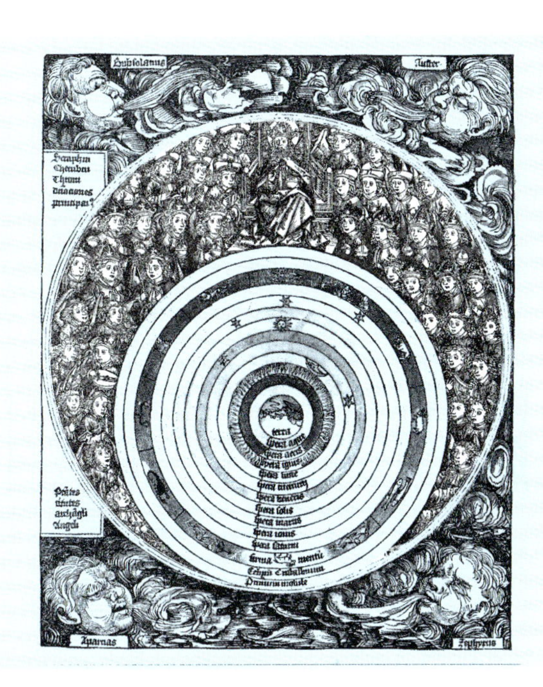

Bild 23/1:
Das Weltbild des Altertums

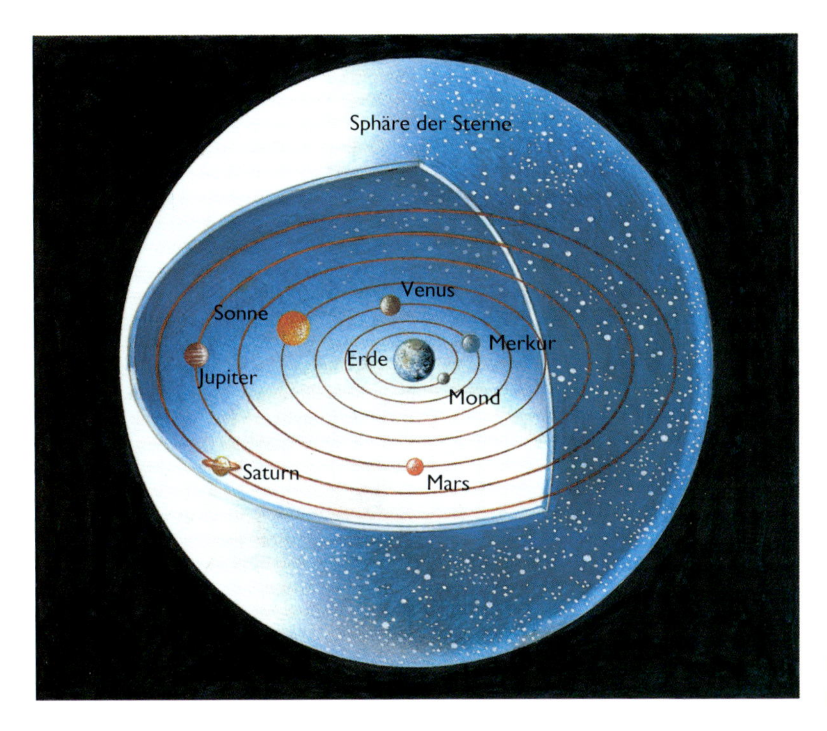

Bild 23/2: Das geozentrische oder ptolemäische Weltbild

Für kalendarische, religiöse und astrologische Zwecke brauchte man die genaue Kenntnis der Planetenörter. Jedoch kam es trotz ausgeklügelter Berechnungsvorschriften zwischen beobachteten und berechneten Planetenörtern ständig zu Widersprüchen. Der in Thorn geborene und vor allem in Frauenburg wirkende Arzt, Domherr und Astronom NIKOLAUS KOPERNIKUS (1473 bis 1543) (Bild 24/2) gelangte bei der Auswertung seiner astronomischen Beobachtungen zu der Erkenntnis, daß die Ungenauigkeiten in einem falschen Bild von der Welt begründet sind: Er entwarf ein Weltbild, bei dem die Sonne von den Planeten Merkur, Venus, Erde, Mars, Jupiter und Saturn umkreist wird. Allein der Mond bewegt sich um die Erde (Bild 24/1).

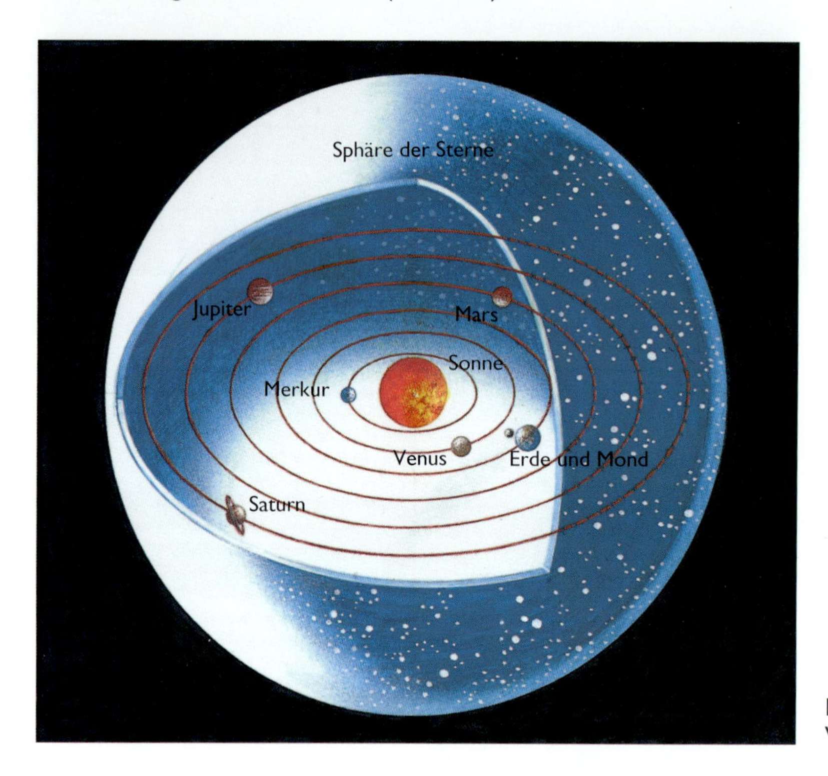

Bild 24/1: Das heliozentrische Weltbild des NIKOLAUS KOPERNIKUS

Dieses heliozentrische oder kopernikanische Weltbild erwies sich in der Folge als grundsätzlich richtig. Es hat nicht nur in der Naturwissenschaft eine Revolution ausgelöst und die weitere Entwicklung der Astronomie nachhaltig beeinflußt, sondern auch zu philosophischen und religiösen Auseinandersetzungen geführt.
GIORDANO BRUNO (geb. 1543) mußte 1600 auf dem Scheiterhaufen sterben, weil er die kopernikanische Lehre vertrat. Und GALILEO GALILEI (1564 bis 1642) wurde von der Inquisition gezwungen, seine Auffassungen zu widerrufen. Er wurde erst 1992 durch den Papst rehabilitiert!

Im Zentrum des Sonnensystems befindet sich die Sonne. Sie wird von den Planeten umkreist. Nur der Mond bewegt sich um die Erde.

Heute wissen wir, daß das Sonnensystem Teil einer großen Sternenansammlung, dem Milchstraßensystem, ist und daß es viele solcher Sternensysteme im Weltall gibt (Bild 25/1).

Bild 24/2: NIKOLAUS KOPERNIKUS

Bild 25/1: Die Planeten umkreisen die Sonne

Sonne: Masse - und Gravitationszentrum

Der Durchmesser der Sonne übertrifft den der Planeten um ein Vielfaches (Bild 26/1). Ihre Masse beträgt $2 \cdot 10^{30}$ kg. Damit ist sie 750mal größer, als die aller Planeten, Monde und Kleinkörper des Sonnensystems zusammengenommen!
Massen haben die Eigenschaft, sich gegenseitig anzuziehen. Diese Eigenschaft heißt **Gravitation**. Die Massenanziehungskräfte sind um so größer, je größer die Massen sind. Daher bewirkt das Massenübergewicht der Sonne gegenüber den Planeten und allen anderen Körpern in ihrem Einflußbereich, daß sich diese Körper im Gravitationsfeld der Sonne um sie bewegen müssen.

Die Sonne vereint 99,87 % der Masse aller Himmelskörper des Sonnensystems in sich. Deshalb ist sie das Gravitationszentrum dieses Systems.

Planeten

Neben die fünf Planeten, die als „Wandelsterne“ seit dem Altertum bekannt waren - **Merkur, Venus, Mars, Jupiter** und **Saturn** - sind in der Neuzeit drei weitere getreten:
1781 entdeckte FRIEDRICH WILHELM HERSCHEL (1738 bis 1822) in England den Planeten **Uranus**.
In Paris schloß URBAIN JEAN JOSEPH LEVERRIER (1811 bis 1877) aus Berechnungen, daß es außerhalb der Uranusbahn noch einen Planeten geben müsse und teilte das Ergebnis dem an der Berliner Sternwarte arbeitenden Astronomen JOHANN GOTTFRIED GALLE (1812 bis 1910) mit. GALLE entdeckte im Jahre 1846 diesen Planeten, der später den Namen **Neptun** erhielt.
1930 schließlich fand der Amerikaner CLYDE WILLIAM TOMBAUGH einen weiteren Planeten, den **Pluto**.
Außerdem war die **Erde** durch KOPERNIKUS als ein Planet erkannt worden, so daß heute neun Planeten bekannt sind. Die Planeten sind - ausgenommen die Erde - nach römischen bzw. griechischen Göttern benannt.

In der Reihenfolge ihres Abstandes von der Sonne heißen die Planeten Merkur, Venus, Erde, Mars, Jupiter, Saturn, Uranus, Neptun und Pluto.

Merkur und Venus, die sich innerhalb der Erdbahn bewegen, werden **innere Planeten** genannt. Mars, Jupiter, Saturn, Uranus, Neptun und Pluto, deren Bahnen außerhalb der Erdbahn liegen, heißen **äußere Planeten**. Die Planeten unterscheiden sich außer nach ihrem Sonnenabstand auch in ihrer Helligkeit, ihrer Umlaufzeit um die Sonne, ihrem Durchmesser, ihrer Masse, ihrer mittleren Dichte und in vielen weiteren Eigenschaften.

Bild 26/1: Durchmesser der Planeten im Vergleich zur Sonne

Satelliten oder Monde

Alle äußeren Planeten und die Erde werden von kleineren Himmelskörpern umkreist, den **Satelliten** oder **Monden**. Der für uns wichtigste ist der Mond der Erde.

Satelliten oder Monde sind Himmelskörper, die ihren Planeten umkreisen.

Kleinkörper

Außer den Planeten und Monden gibt es im Sonnensystem eine große Anzahl kleinerer Himmelskörper mit vergleichsweise sehr geringen Durchmessern und geringen Massen, die **Kleinplaneten** oder **Planetoiden, Kometen** und **Meteorite**.
Während Kometen und Meteorite bereits im Altertum als auffällige und ungewöhnliche Himmelserscheinungen beobachtet wurden, liegt die Entdeckung der ersten Kleinplaneten noch keine 200 Jahre zurück: In der Neujahrsnacht 1801 entdeckte der italienische Astronom GIUSEPPE PIAZZI (1746 bis 1826) den ersten Kleinplaneten, der den Namen **Ceres** erhielt.

Bild 26/2: Die großen Satelliten im Vergleich zur Erde und zum Erdmond

Den Menschen war die Natur der Kometen und die Herkunft der Meteorite bis in die Neuzeit hinein unbekannt. Kometen wurden oft als „Zuchtrute Gottes“ oder als Unglücksboten mißdeutet. Einige Erscheinungen und die daran geknüpften Vermutungen sind uns durch Urkunden oder mittelalterliche Drucke überliefert. Das Bild 27/1 zeigt die erste uns bekannte Feuerkugel, von der noch heute Stücke erhalten sind.

Als Kleinkörper im Sonnensystem werden Kleinplaneten, Kometen und Meteorite bezeichnet.

Von dem donnerstein gefallē im xcij. iar: vor Ensisheim

Bild 27/1: Darstellung eines Meteoritenfalls aus dem Jahre 1492

AUFGABEN

1. Nennen Sie die wesentlichen Unterschiede zwischen dem geozentrischen und dem heliozentrischen Weltbild!
2. Worin unterscheidet sich die Sonne von allen anderen Himmelskörpern im Sonnensystem?
3. Erklären Sie die Begriffe „innerer“ und „äußerer Planet“!
4. Wie heißen die Planeten a) in der Reihenfolge ihres Abstandes von der Sonne, b) in der Reihenfolge ihrer Durchmesser?
5. Welche Gruppen von Himmelskörpern gibt es außer der Sonne und den Planeten im Sonnensystem?

ZUSAMMENFASSUNG

Geozentrisches Weltbild	Erde als unbewegliches Zentrum, um das sich Sonne, Mond, Wandelsterne und Fixsterne bewegen
Heliozentrisches Weltbild	Sonne im Zentrum, um sie bewegen sich die Planeten; der Mond umläuft die Erde
Sonnensystem	Sonne und alle Himmelskörper, die sich aufgrund der Gravitationskräfte um die Sonne bewegen (Planeten, Satelliten, Planetoiden, Kometen, Meteorite)
Sonne	zentraler Körper im Sonnensystem, in dem fast die gesamte Masse des Systems vereint ist; hell strahlende Gaskugel
Planeten	kugelähnliche Himmelskörper, die die Sonne umlaufen und deren Licht reflektieren
Satelliten (Monde)	sind durch Gravitationskräfte an Planeten gebunden und umlaufen diese; bewegen sich gemeinsam mit den Planeten um die Sonne

Die Erde und ihr Mond

Die Erde ist Heimat der Menschen, Tiere und Pflanzen. Wohl und Wehe allen irdischen Lebens sind untrennbar mit der Bewahrung der dafür notwendigen Bedingungen auf unserem Planeten verbunden. Das ist heute nicht mehr so selbstverständlich wie all die Jahrmillionen zuvor.
Noch gibt es keinen Beweis für die Existenz von Leben irgendwo sonst im Weltall. Wenn auch begründet vermutet werden darf, daß auch andere Sterne Planeten besitzen, auf denen Bedingungen für die Entwicklung von Lebensformen gegeben sein können - die Hoffnung, mit intelligentem Leben irgendwo im Kosmos in Kontakt zu kommen, ist gering.
Diese Besonderheit auf dem Himmelskörper Erde erlegt der Menschheit die große Verantwortung auf, die Erde als Insel des Lebens zu erhalten.

Die Erde - unser blauer Planet

Die Erde hat, aus dem Weltraum betrachtet, eine bläuliche Oberfläche und sie ist von einem blauen Lichtsaum umgeben. Deshalb ist es zutreffend, vom „blauen Planeten" zu sprechen. Uns Erdenbewohnern scheint der Heimatplanet riesengroß. Seine Masse von $6 \cdot 10^{24}$ kg und sein Durchmesser von 12 756 km am Äquator übersteigen unser Vorstellungsvermögen. Und doch ist die Erde aus kosmischer Sicht ein eher kleiner Himmelskörper. Sie gehört zu den fünf kleineren Planeten. Die Erdmasse beträgt nur 0,2 % der Masse der Planeten. Der Erddurchmesser beträgt weniger als 1/100 des Sonnendurchmessers. Die Erde besitzt eine **Lufthülle (Atmosphäre)** mit 78 % Stickstoff und 21 % Sauerstoff. Den Rest bilden Edelgase und Kohlendioxid. Die Dichte der Lufthülle nimmt nach oben stark ab. Die Masse der Atmosphäre beträgt $5 \cdot 10^{18}$ kg, wovon sich 90 % in den unteren 20 km befinden. Die Atmosphäre mit dem darin enthaltenen Sauerstoff ist eine der wesentlichen Bedingungen für das Leben auf der Erde. Darüber hinaus bildet sie einen Schutzschild gegen Meteorite, kurzwellige Sonnen- und Teilchenstrahlung. Von besonderer Bedeutung ist die vor allem zwischen 20 km und 50 km Höhe befindliche **Ozonschicht**. Ozon absorbiert die lebensfeindliche Ultraviolett- und die Röntgenstrahlung, die von der Sonne und anderen kosmischen Quellen zur Erde gelangen.

Der Erhalt der Ozonschicht - wie überhaupt der Atmosphäre in ihrer naturgegebenen Zusammensetzung - ist darum für die Bewahrung des Lebens von wesentlicher Bedeutung. Was Millionen Jahre unproblematisch war, ist im 20. Jahrhundert zu einem Problem des Überlebens geworden, weil massenhafte Verbrennungsvorgänge und andere chemische Reaktionen das chemische Gleichgewicht der Atmosphäre stören. Im Übermaß entsteht u. a. Kohlendioxid, und Fluorkarbone werden in solchen Mengen frei, daß die Gefahr nicht mehr rückgängig zu machender Veränderungen in der Atmosphäre besteht. Sie wird aufgeheizt, und sie verliert ihre Schutzfunktion (Bild 29/1). Hier berühren sich astronomische Erkenntnisse mit ethischen Fragen und ökologischen Forderungen.
Für die astronomische Forschung stellt die Atmosphäre eher ein Hindernis dar: Elektromagnetische Strahlung wird nur in bestimmten Wellenlängen durchgelassen - im optischen Fenster und im Radiofenster. Die Luftunruhe bewirkt das Flimmern der Sterne und beeinträchtigt die Genauigkeit der Messungen. Die Lichtbrechung und die Strahlungsabsorption in der Atmosphäre zwingen zu Korrekturen der Beobachtungsbefunde. Diese Schwierigkeiten werden verringert, wenn sich die Sternwarten in großer Höhe befinden.
Durch die Raumfahrt wurden astronomische Beobachtungen auch außerhalb der Erdatmosphäre möglich.

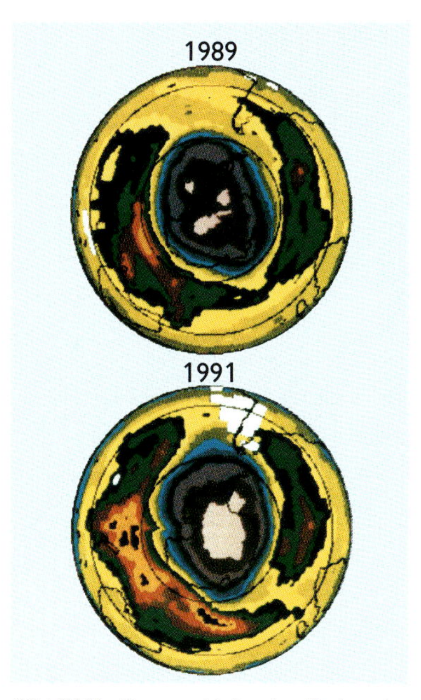

Bild 29/1: Ozonschicht der Erde mit Ozonloch über der Antarktis

Die Lufthülle ist Lebensraum und Schutzschild für Menschen, Tiere und Pflanzen.
Astronomische Forschungen von der Erdoberfläche sind nur im Bereich der Lichtwellen und der Radiowellen möglich.

Der **Erdkörper** hat die Gestalt einer an den Polen abgeplatteten Kugel: Äquatordurchmesser - 12756 km, Poldurchmesser - 12715 km. Daraus ergibt sich eine **Abplattung** von 1 : 300. Denkt man sich eine Modellerde von 30 cm Durchmesser (Globus), dann wäre der Poldurchmesser 1 mm kleiner als der Äquatordurchmesser.
Die **Erdkruste** hat eine Dicke von 30 km bis 70 km, unter den Ozeanen - die mehr als zwei Drittel der Erdoberfläche bedecken - sind es nur etwa 6 km. Darunter liegt bis in 2 900 km Tiefe der ebenfalls feste oder plastische **Erdmantel**.
Der **Erdkern** ist in seiner äußeren Schicht wahrscheinlich flüssig, im Innern fest (Bild 29/2).
Aus Volumen und Masse berechnet sich die mittlere Dichte der Erde zu 5,52 $g \cdot cm^{-3}$. Die tatsächliche Dichte ist in den äußeren Schichten geringer (bis zu 3 $g \cdot cm^{-3}$), im Erdkern erheblich höher (10 $g \cdot cm^{-3}$ bis 16 $g \cdot cm^{-3}$).
Die **Temperatur** steigt im Erdinnern mit zunehmender Tiefe auf einige tausend Grad an.
Die Erde besitzt ein **Magnetfeld**. Es geht vom Erdinnern aus und reicht in den erdnahen Raum hinaus. Die elektrisch geladenen Teilchen des Sonnenwindes treten mit dem Magnetfeld der Erde in Wechselwirkung: Die Teilchen werden abgelenkt, so daß sie die Erdoberfläche nicht erreichen. Dabei wird das Magnetfeld deformiert. Auf der Nachtseite der Erde reicht es viel weiter in den Raum als auf der Tagseite.
Altersbestimmungen ergaben eine Zeit von etwa 4,5 Milliarden Jahren seit Entstehung des Planeten Erde und von rund 3,8 Milliarden Jahren seit der Verfestigung der Erdkruste.

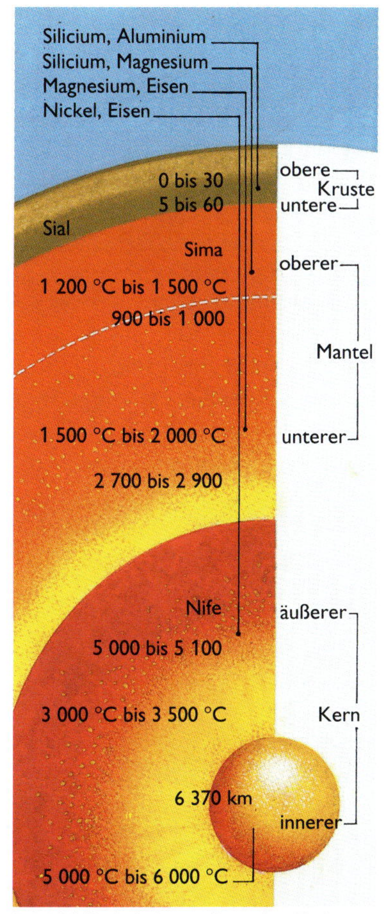

Bild 29/2: Schalenaufbau der Erde

Die Bewegungen der Erde

Rotation. Die Erde dreht sich von Westen nach Osten um eine zwischen Nord- und Südpol gedachte Achse. Die Rotationsdauer heißt ein **Tag**. Durch die Rotation der Erde entstehen Tag und Nacht, je nachdem, ob sich ein Erdort auf der der Sonne zugewandten oder von ihr abgewandten Erdseite, im Sonnenlicht oder im Erdschatten, befindet.

Bahnbewegung. Die rotierende Erde umläuft die Sonne auf einer elliptischen Bahn. Ihre Bahnebene heißt Ekliptikebene, und die Umlaufzeit ist ein **Jahr**. Das Jahr hat 365,25 Tage.
Ihren geringsten **Abstand von der Sonne** erreicht die Erde Anfang Januar mit 147,1 Millionen km. Ihren größten Abstand hat sie Anfang Juli mit 152,1 Millionen km. Der mittlere Abstand beträgt 149,6 Millionen km und heißt **Astronomische Einheit (AE)**. Sie wird als Einheit bei Entfernungsmessungen im Sonnensystem verwendet.

Die mittlere Entfernung Erde - Sonne ist eine wichtige Entfernungseinheit in der Astronomie. Sie heißt Astronomische Einheit und umfaßt eine Strecke von rund 150 Millionen km.

Die **Bahngeschwindigkeit der Erde** auf ihrer Reise um die Sonne beträgt im Mittel 29,8 km $\cdot$ s^{-1}. Die Erdachse steht nicht senkrecht auf der Ekliptikebene, sondern bildet mit ihr einen Winkel von etwa 66,5°. Auf dem jährlichen Weg um die Sonne behält sie ihre Lage im Raum (Bild 30/1). Das bedeutet, daß die Ekliptikebene und die Äquatorebene der Erde einen Winkel von 23,5° bilden. Diese Schiefe der Ekliptik ist Ursache der Entstehung der **Jahreszeiten**: Die von uns bewohnte Nordhälfte der Erde ist der Sonne vom 21. März bis zum 23. September zugeneigt. Die Sonne erreicht am 21. Juni ihren höchsten Mittagsstand. Es ist Sommer. Im Winter ist ihre Mittagshöhe deutlich geringer. Zu Winterbeginn steht sie mittags am tiefsten. Der Weg der Sonnenstrahlen durch die Atmosphäre ist länger, die Strahlen treffen unter einem flacheren Winkel auf die Erdoberfläche. Wenn wir Herbst und Winter haben, ist die Südhalbkugel der Erde der Sonne zugeneigt. Deshalb ist dort Frühling und Sommer. Wenn wir Frühling und Sommer haben, ist auf der Südhälfte der Erde Herbst und Winter.

Jahreszeit von - bis	Dauer in Tagen/Stunden
Frühling 21. 3. - 21.6.	92 d 19 h
Sommer 21.6. - 23.9.	93 d 15 h
Herbst 23.9. - 21.12.	89 d 20 h
Winter 21.12. - 21.3.	89 d 0 h

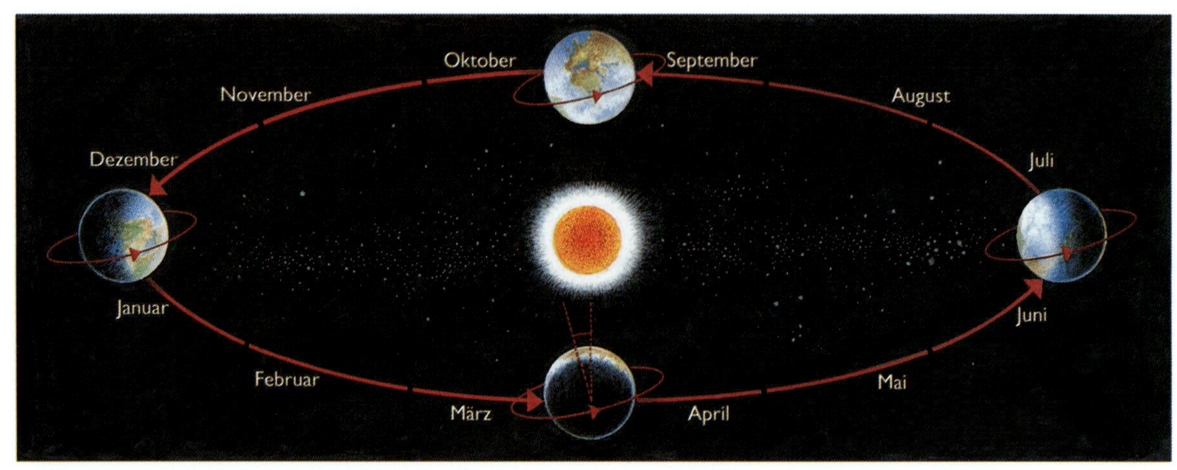

Bild 30/1: Die Stellung der Erdachse und des Äquators gegenüber der Sonne zu Beginn der Jahreszeiten

Die Oberfläche des Mondes

Bild 31/1: Mond und Erde aus einem Raumschiff fotografiert

Die Erde besitzt einen - an ihrer eigenen Größe gemessen - ungewöhnlich großen Begleiter: den Mond. Er ist für uns der nächste fremde Himmelskörper. Der Mond beeindruckt die Menschen seit jeher in besonderer Weise: Durch sein helles Licht, durch die schon von einem zum anderen Tag auffälligen Änderungen seiner Lichtgestalt und seines Ortes am Himmel und durch die bereits mit dem bloßen Auge sichtbaren Details auf seiner Oberfläche.

Der Mond leuchtet im reflektierten Sonnenlicht. Sein **Rückstrahlungsvermögen (Albedo)** ist gering: Nur 4 % bis 14 % des einfallenden Sonnenlichtes werden reflektiert. Wegen seines geringen Abstandes zur Erde ist er nach der Sonne der für uns hellste Himmelskörper. Die Helligkeit des Vollmondes ist 30 000mal größer als die des hellsten bei uns sichtbaren Sterns (Sirius).

Auf den ersten Blick fallen die hellen und dunklen Flächen auf dem Mond auf. Sie wurden früher als Mondmeere gedeutet und darum als **Mare** bezeichnet (lat.: Meer; Plural: Maria). Auch die Bezeichnungen *oceanus, lacus* (See), *palus* (Sumpf) und *sinus* (Bucht, Meerbusen) erinnern an die alten Vorstellungen. Inzwischen weiß man, daß es auf der Mondoberfläche kein Wasser geben kann, aber die Namen sind geblieben. Auf der sichtbaren Seite des Mondes werden etwa 30 % der Fläche von Mare-Gebieten eingenommen. Auf der Rückseite des Mondes sind es nur etwa 10 %.

Die größten und auffälligsten der dunklen Flächen auf dem Mond heißen auf der östlichen Mondhälfte *Oceanus Procellarum* (Ozean der Stürme) am linken Rand des Vollmondes, *Mare Imbrium* und *Mare Nubium* (Regenmeer und Wolkenmeer) rechts daneben. Auf der westlichen Mondhälfte bilden *Mare Serenitatis, Mare Tranquillitatis* und *Mare Fecunditatis* (Meer der Heiterkeit, Meer der Ruhe und Meer der Fruchtbarkeit) eine von der Mondmitte von oben zum rechten Mondrand verlaufende Kette. Darüber liegt das *Mare Crisium*, darunter das *Mare Nectaris* (Meer der Gefahren und Honigmeer).

Bild 31/2: Vorderseite des Mondes

Bild 31/3: Rückseite des Mondes

Tatsächlich sind die Maria **Tiefebenen**, die im Laufe der Entwicklungsgeschichte des Mondes bei vulkanischen Ausbrüchen von Lava überflutet wurden. Das Lavagestein reflektiert noch weniger Sonnenlicht, als die umgebenden Flächen. Deshalb erscheinen die „Mondmeere" dunkler.
Die helleren Mondflächen sind **Gebirge**. Sie sind bis zu 8 km hoch und von **Kratern** übersät. Die Krater rühren teils von Meteoriteneinschlägen, teils von Vulkanausbrüchen her. Sie haben Durchmesser bis zu 235 km (Bild 32/1).
Die Gebirge und Krater kann man bereits mit einem Feldstecher sehen. Besonders gut sind sie bei zunehmendem Mond oder abnehmendem Mond in der Nähe der Licht-Schatten-Grenze (Terminator) zu erkennen.

Bild 32/1: Der Krater Kopernikus auf dem Mond

Bild 32/2: SCOTT während der Apollo-15-Mission auf dem Mond

Durch Fotos von Mondsatelliten, direkte Untersuchungen auf der Mondoberfläche mittels Robotern und Rückkehrsatelliten wurden die Kenntnisse über die Mondoberfläche und die Zusammensetzung des Mondbodens im letzten Vierteljahrhundert sehr genau.
Von Menschen wurde der Mond erstmals am 20./21. Juli 1969 betreten. An diesen Tagen landeten die Astronauten NEIL ARMSTRONG und EDWIN ALDRIN im *Mare Tranquillitatis*. Ihnen folgten bis 1972 weitere zehn US-Amerikaner.

Die dunklen Gebiete der Mondoberfläche sind lavaüberflutete Ebenen. Die hellen Flächen sind Gebirge. Der Mond ist von Kratern übersät.

Physikalische Verhältnisse auf dem Mond

Der **Monddurchmesser** beträgt 3 476 km. Das sind 27 % des Erddurchmessers. Die **Masse des Mondes** ($7{,}35 \cdot 10^{22}$ kg) macht nur 1/81 der Erdmasse aus. Der Mond hat eine geringere **mittlere Dichte** als die Erde. Sie beträgt $3{,}34\ g \cdot cm^{-3}$. Das ist auf den geringen Anteil an schweren Elementen zurückzuführen. Aus diesen Werten ergibt sich, daß auf dem Mond andere physikalische Verhältnisse als auf der Erde herrschen. Der Mond ist wegen seiner geringen Masse nicht in der Lage, gasförmige Stoffe zu binden. Dazu ist seine Anziehungskraft zu gering. Deshalb besitzt der Mond **keine Atmosphäre**. Daraus folgt, daß er auch **kein Wasser** an seiner Oberfläche haben kann, weil Wasser oder Eis unter diesen Bedingungen verdampfen.
Wegen der fehlenden Atmosphäre schlagen Meteorite ebenso wie die Teilchen der kosmischen Strahlung und des Sonnenwindes ungebremst auf der Mondoberfläche ein und hinterlassen ihre Spuren. Wind- und Wassererosion fehlen. Die Eruptiv- wie die Einschlagkrater sind unverändert aus der Frühzeit des Mondes erhalten, sofern sie nicht durch nachfolgende Einschläge oder Lavaausbrüche verändert wurden. Die fehlende Atmosphäre beeinflußt auch die **Temperatur** auf dem Mond. Im Sonnenlicht heizt sich der Mondboden bis auf 130 °C auf. Auf der Nachtseite kühlt er sich bis auf -160 °C ab.
Die **Fallbeschleunigung** beträgt nur etwa 1/6 der Fallbeschleunigung auf der Erde. Das bedeutet, daß alle Gegenstände auf dem Mond nur ein Sechstel des Gewichtes haben, das sie auf der Erde hätten.

Einfluß des Mondes auf die Erde. Die Gravitationskräfte (Massenanziehungskräfte) zwischen der Erde und ihren beiden wichtigsten Partnern, der Sonne und dem Mond, wirken sich besonders auf die beweglichen Teile der Erdoberfläche - das Wasser - aus. Sie bewirken **Ebbe und Flut**, die **Gezeiten**. Obwohl der Mond eine sehr viel kleinere Masse als die Sonne hat, ist seine Gezeitenwirkung wegen seiner besonderen Nähe zweieinhalbmal größer als die der Sonne.
Ein Einfluß des Mondes auf das Wettergeschehen auf der Erde ist unbewiesen, auch wenn das oft anders behauptet wird.

Bild 33/1: Der Mond im ersten Viertel

Auf dem Mond gibt es weder Luft noch Wasser. Die Temperaturschwankungen sind groß. Das Gewicht der Körper ist sechsmal kleiner als auf der Erde. Der Mond trägt wesentlich zur Entstehung der Gezeiten in den Weltmeeren bei.

Mondbewegungen

Mond und Erde bewegen sich- jeder um sich selbst, - beide um einen gemeinsamen Schwerpunkt, - gemeinsam um die Sonne.
Das Zusammenspiel dieser Bewegungen und die Tatsache, daß wir sie von der mitbewegten Erde aus beobachten, erschwert das Verständnis für das Beobachtete. Denn wir beobachten sowohl die wirklichen, wahren Mondbewegungen als auch die scheinbaren, die uns Bewohnern der rotierenden und um die Sonne bewegten Erde vorgetäuscht werden.
Die **Entfernung** Erde - Mond beträgt im Mittel 384 400 km, das sind etwa 30 Erddurchmesser. Sie schwankt zwischen 356 410 km im erdnächsten Punkt der Mondbahn (Perigäum) und 406 740 km im erdfernsten Bahnpunkt (Apogäum).

Rotation. Der Mond dreht sich während eines Umlaufes um die Erde gleichzeitig einmal um seine Achse. **Mondumlauf und Mondrotation stimmen zeitlich überein**. Das hat zur Folge, daß der Mond der Erde immer dieselbe Seite zuwendet. Eine solche Art der Drehung heißt **gebundene Rotation**. Wir erblicken immer dieselbe Seite des Mondes. Die Rückseite ist in den letzten Jahrzehnten durch die Raumfahrt erforscht worden. Sie ist gebirgig und kraterübersät.

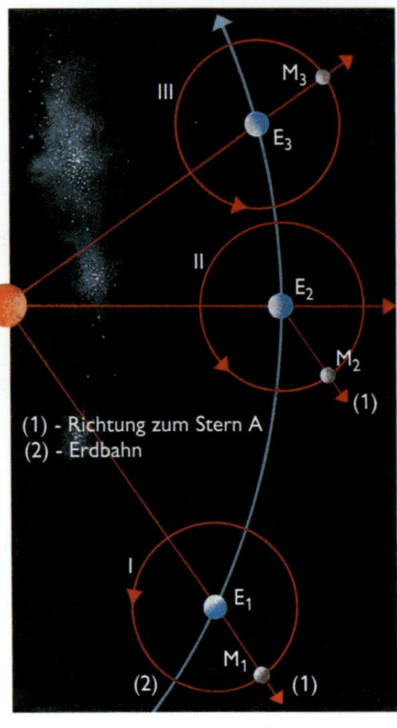

Bild 34/1: Siderischer und synodischer Monat
I: Sonne, Erde und Mond stehen in einer Geraden (Vollmond). Der Mond steht von der Erde aus gesehen in Richtung auf den Stern A.
II: Nach einem Umlauf um die Erde steht der Mond wieder in Richtung auf den Stern A. Ein siderischer Monat ist vergangen.
III: Erst jetzt stehen Mond, Erde und Sonne wieder in einer Geraden. Es ist wieder Vollmond. Ein synodischer Monat ist vergangen.

Mondbahn. Die Bahn des Mondes um die Erde hat die Form einer fast kreisförmigen Ellipse. Die Umlaufzeit um 360 ° dauert 27 d 7 h 43 min 11,5 s. Dieser Zeitraum heißt **siderischer Monat** (Bild 34/1). Da sich die Erde in dieser Zeit auf ihrer Bahn um die Sonne um etwa 27 ° weiterbewegt hat, braucht der Mond noch etwas mehr als 2 d, bis er mit Sonne und Erde wieder in einer Geraden steht. Dieser Zeitraum von 29 d 12 h 44 min 2,9 s heißt **synodischer Monat** (Bild 34/1).
Die Bahnbewegung des Mondes um die Erde zeigt sich für uns darin, daß sich sein Ort am Himmel von Abend zu Abend um etwa 13° von West nach Ost verschiebt. Er geht von einem zum anderen Tag jeweils um etwa 50 min später auf und unter. Gleichzeitig bewegt er sich im Laufe eines Abends von Ost nach West. Diese scheinbare Bewegung wird durch die Rotation der Erde von West nach Ost vorgetäuscht. Ein und denselben Ort über dem Horizont erreicht der Mond täglich rund 50 min später (Bild 34/2).

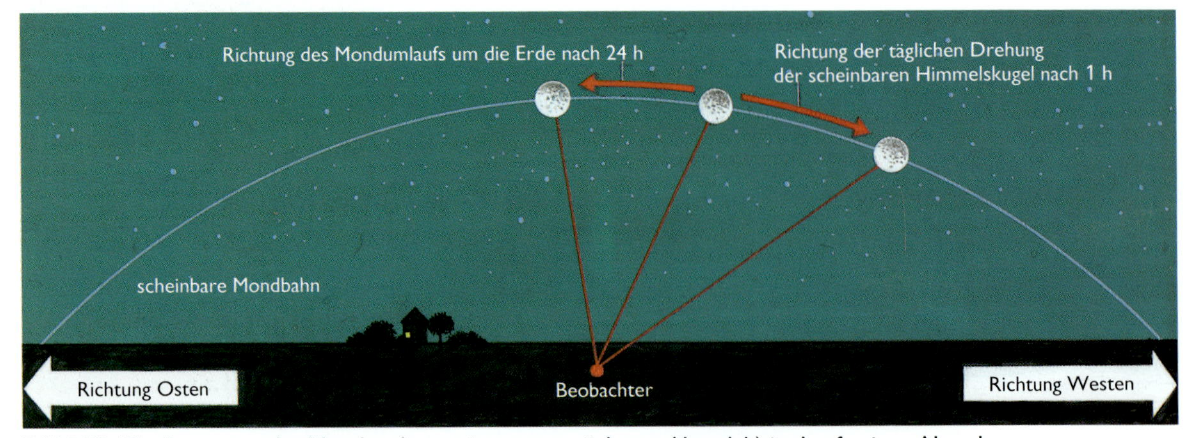

Bild 34/2: Die Bewegung des Mondes a) von einem zum nächsten Abend, b) im Laufe eines Abends

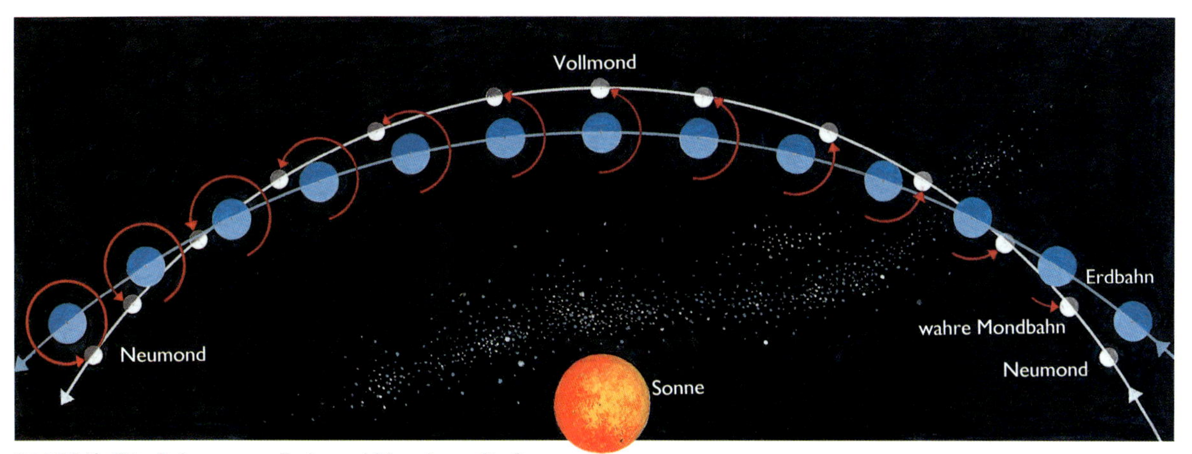

Bild 35/1: Die Bahnen von Erde und Mond um die Sonne

Könnte man die Bahnen von Erde und Mond um die Sonne von weit oberhalb der Ekliptik beobachten, so würde sich die gemeinsame Bewegung beider Himmelskörper um die Sonne als ein Hin- und Herpendeln des Mondes um die Erdbahn zeigen. Die Mondbahn bleibt dabei immer zur Sonne hin gekrümmt (Bild 35/1).

Phasen. Der Mond reflektiert - wie die Erde- das Licht der Sonne. Da er seine Lage gegenüber der Erde ständig ändert, weist manchmal die gesamte sonnenbeschienene Mondhälfte zur Erde (Vollmond), einen halben Monat später die sonnenabgewandte dunkle Mondhälfte (Neumond), und zu dazwischenliegenden Zeiten teils helle, teils dunkle Mondflächen (zunehmender oder abnehmender Mond). Diese Lichtgestalten des Mondes, die sich schon von einem Tag zum nächsten merklich ändern, heißen **Mondphasen** (Bild 35/2). In einem synodischen Monat durchläuft der Mond alle Phasen.
Jeder Ort der Mondoberfläche wird einen halben Monat von der Sonne beschienen und liegt danach ebenso lange im Mondschatten, also auf der Nachtseite des Erdtrabanten. **Der Mondtag und die Mondnacht dauern jeweils einen halben synodischen Monat (14 d 18 h 22 min).**
Die Mondbahn um die Erde ist gegenüber der Ekliptik (Bahnebene der Erde um die Sonne) um etwa 5° geneigt.

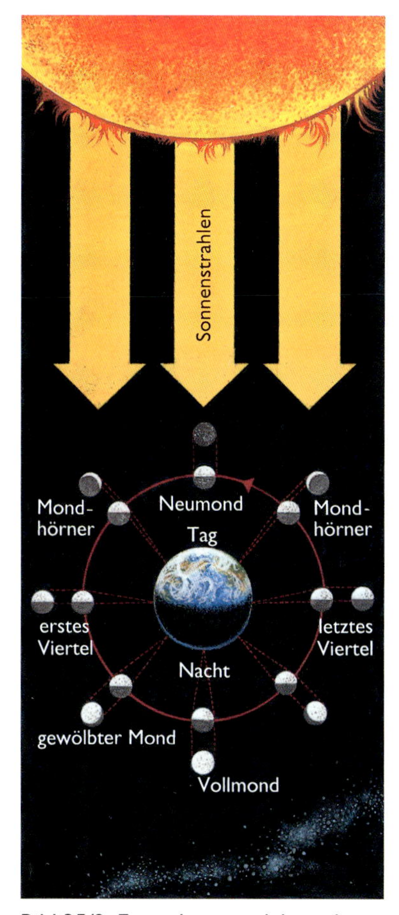

Bild 35/2: Entstehung und Aussehen der Mondphasen

Der Mond dreht sich in 27,32 Tagen einmal um sich selbst. Da er sich in derselben Zeit um 360° um die Erde bewegt, kehrt er uns immer dieselbe Seite zu. Eine solche Drehung, bei der Rotations- und Umlaufzeit übereinstimmen, heißt gebundene Rotation.
Der Zeitraum zwischen zwei aufeinanderfolgenden gleichen Mondphasen heißt synodischer Monat.
Erde und Mond bewegen sich gemeinsam um die Sonne.

siderischer Monat	Umlauf des Mondes um die Erde um 360°	27,32166 Tage
synodischer Monat	Zeitraum zwischen zwei gleichen Mondphasen	29,53059 Tage

Finsternisse

Wie jeder beleuchtete Körper, so werfen auch Erde und Mond ihren Schatten. Der Schattenkegel der Erde reicht etwa 1 400 000 km in den Raum, also weit über die Mondbahn hinaus. Der Schattenkegel des Mondes ist etwa 380 000 km lang. Unter günstigen Umständen kann er die Erdoberfläche erreichen. Die Verfinsterung des Mondes durch den Erdschatten heißt **Mondfinsternis**. Wird die Sonne durch den Mond verdeckt, entsteht eine **Sonnenfinsternis**. Finsternisse treten ein, wenn Sonne, Erde und Mond in einer Geraden liegen.

Mondfinsternis. Sie kann nur bei Vollmond entstehen (Bild 36/1). Der Mond wird dann vom Kernschatten der Erde verdunkelt. Die Dauer hängt vom Abstand Erde-Mond ab. Bei geringem Abstand durchläuft der Mond ein breiteres Stück des Schattenkegels der Erde, und die Finsternis dauert länger als bei großem Abstand. Durchquert er den zentralen Teil des Erdschattenkegels, so wird er vollständig verdunkelt. Eine solche Finsternis heißt **totale Mondfinsternis**. Taucht er nur in die Randpartien des Erdschattens, so werden nur Teile der Mondoberfläche verdunkelt. Dann tritt eine **partielle** (teilweise) **Mondfinsternis** ein. Da die Mondbahnebene zur Ekliptikebene in einem Winkel von etwa 5° steht, verläuft die Mondbahn oft oberhalb oder unterhalb des Erdschattens (Bild 36/2). Dann tritt keine Verfinsterung ein und es gibt nicht bei jedem Vollmond eine Mondfinsternis. Es muß die zusätzliche Bedingung erfüllt sein, daß sich der Mond nahe den Stellen seiner Bahn befindet, wo diese die Ekliptik kreuzt (Knotenpunkte).

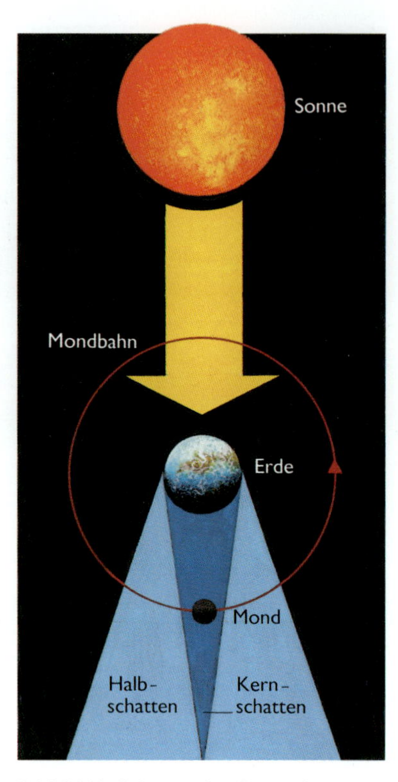

Bild 36/1: Schema der Entstehung einer Mondfinsternis

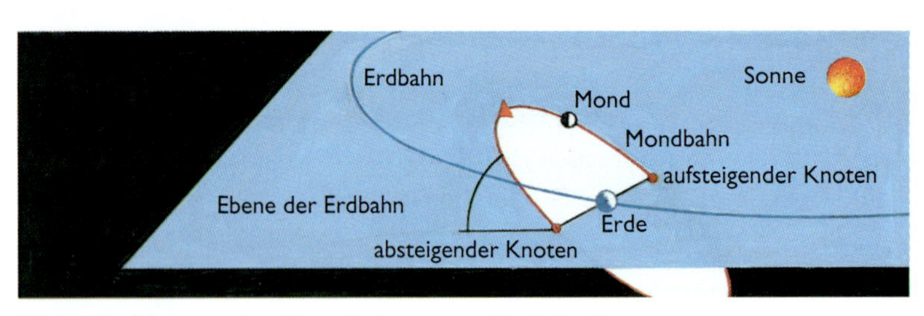

Bild 36/2: Neigung der Mondbahn gegen die Ekliptik

Eine Mondfinsternis tritt bei Vollmond ein, wenn sich der Mond nahe einem Knotenpunkt seiner Bahn befindet.

Sonnenfinsternis. Sie tritt bei Neumond ein, wenn sich der Mond zwischen Sonne und Erde schiebt (Bild 36/3). Für die Orte der Erdoberfläche, die vom Kernschatten des Mondes getroffen werden, tritt eine **totale Sonnenfinsternis** ein. Ist der Mondschattenkegel kürzer als die Entfernung Mond-Erde, erscheint die Sonne für Erdorte nahe der Spitze des Schattenkegels als Lichtring. Man spricht dann von einer **ringförmigen Sonnenfinsternis**. Für den Bereich der Erde, der vom Halbschatten des Mondes getroffen wird, erscheint die Sonne teilweise verdunkelt. Dort gibt es dann eine **partielle Sonnenfinsternis**.

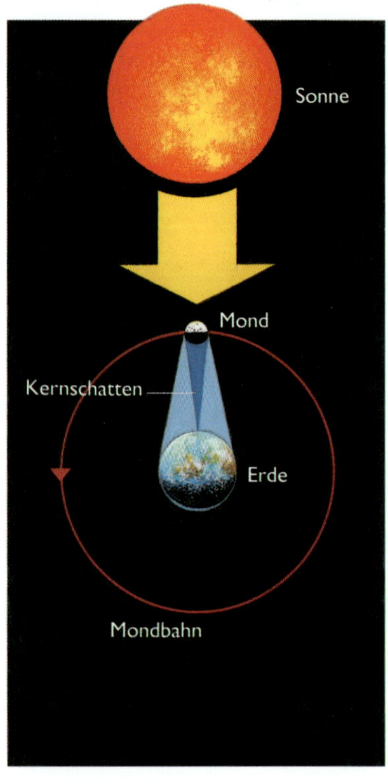

Bild 36/3: Schema der Entstehung einer Sonnenfinsternis

Eine Sonnenfinsternis tritt bei Neumond für die Orte der Erdoberfläche ein, die vom Mondschatten getroffen werden.

Die Darstellungen der Bilder 36/1 und 36/3 machen deutlich, daß

- eine Mondfinsternis von der gesamten Nachthälfte der Erde beobachtet werden kann,
- eine Sonnenfinsternis nur in einem schmalen Streifen auf der Tagseite der Erde sichtbar ist.

Deshalb sind für einen bestimmten Ort der Erdoberfläche Mondfinsternisse viel häufiger als Sonnenfinsternisse zu beobachten, obwohl beide etwa gleich häufig vorkommen.
Da Mond- und Erdbahn mit guter Genauigkeit bekannt sind, lassen sich Finsternisse für lange Zeit vorausberechnen (siehe Tabelle).

Finsternisse 1995 bis 2000

Jahr	Mondfinsternis	Sonnenfinsternis
1995	15. April	29. April / 24. Oktober
1996	4. April / 27. September	27. April / 12. Oktober
1997	24. März / 16. September	9. März / 1. September
1998		26. Februar / 22. August
1999	28. Juli	16. Februar / 11. August
2000	21. Januar / 16. Juli	5. Februar / 1. Juli / 31. Juli 25. Dezember

AUFGABEN

1. Die Masse der Erde beträgt $6 \cdot 10^{24}$ kg. Davon gehören $5 \cdot 10^{18}$ kg zur Atmosphäre. Wieviel Prozent der Erdmasse sind das?
2. Berechnen Sie aus Masse und Volumen der Erde ihre mittlere Dichte! (Masse siehe Aufg. 1; Durchmesser etwa 12 750 km)
3. Erklären Sie, wodurch die Jahreszeiten entstehen!
4. Begründen Sie, warum der Mond am abendlichen Westhimmel zunehmender Mond, am morgendlichen Osthimmel dagegen abnehmender Mond ist!
5. Warum ist von einem bestimmten Beobachtungsort auf der Erde nur selten eine Sonnenfinsternis, aber sehr viel häufiger eine Mondfinsternis zu beobachten? Nutzen Sie dazu die Bilder 36/1 und 36/3!
6. Erklären Sie die Entstehung der Mondphasen!
7. Erklären Sie
   a) die Entstehung einer Mondfinsternis,
   b) die Entstehung einer Sonnenfinsternis!

ZUSAMMENFASSUNG

Erde	einer der Planeten im Sonnensystem; besitzt Wasser in flüssiger Form und ist von einer Lufthülle umgeben, einziger Planet im Sonnensystem, auf dem Leben existiert
Tag	Zeitraum einer Erdrotation, hat 24 h = 86 400 s
Mond	Satellit der Erde, umläuft die Erde und gemeinsam mit ihr die Sonne, besitzt weder Wasser noch eine Atmosphäre, Oberfläche besteht aus lavaüberfluteten Tiefebenen (Maria), Gebirgen und Kratern
Bewegung des Mondes	gebundene Rotation, immer dieselbe Mondhälfte zeigt zur Erde
Mondphasen	Lichtgestalten des Mondes, abhängig von der Stellung Sonne-Erde-Mond, wiederholen sich nach 29,5 Tagen
Astronomische Einheit	mittlere Entfernung Erde-Sonne 1 AE = $149{,}6 \cdot 10^{6}$ km

Die anderen Planeten und ihre Monde

Die Erde ist vor ihren acht Planetengeschwistern dadurch ausgezeichnet, daß sie Leben trägt. In dieser Hinsicht ist sie einmalig. Aber sie ist weder der schnellste, noch der größte Planet im Sonnensystem. Welches sind die charakteristischen Eigenschaften der anderen Planeten?

Merkur - der sonnennächste Planet

Merkur ist nicht nur der sonnennächste, sondern auch der schnellste Planet. Auf seiner Bahn um die Sonne legt er in 1 Sekunde fast 48 km zurück. (Zum Vergleich: Erde 30 km · s^{-1}.) Neben Pluto ist Merkur der kleinste und massneärmste Planet.

Daten des Merkur

Äquatordurchmesser		Masse			mittl. Dichte
in km	in Erddurchmesser	in kg	in Erdmassen	in % der Masse aller Planeten	in g · cm^{-3}
4 878	0,38	$3,3 . 10^{23}$	0 ,06	0,01	5,43

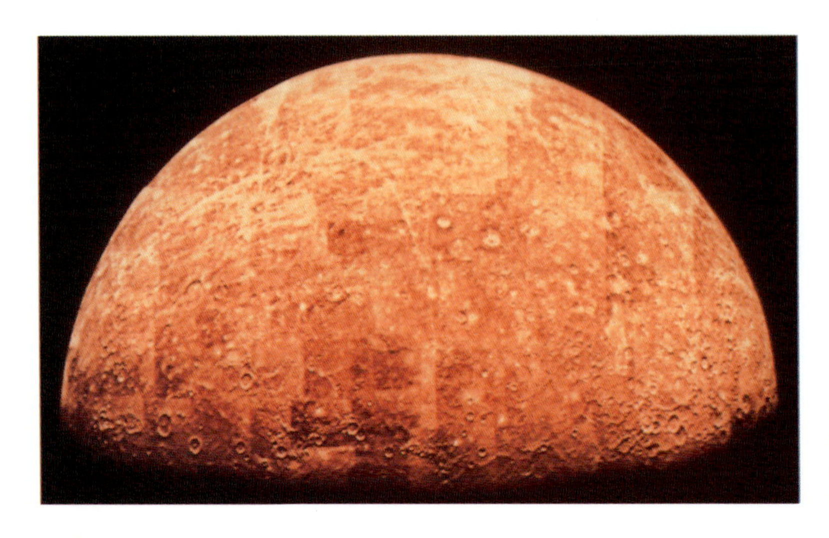

Bild 38/2: Die Oberfläche des Merkur ist der des Mondes ähnlich: Sie ist von Kratern übersät.

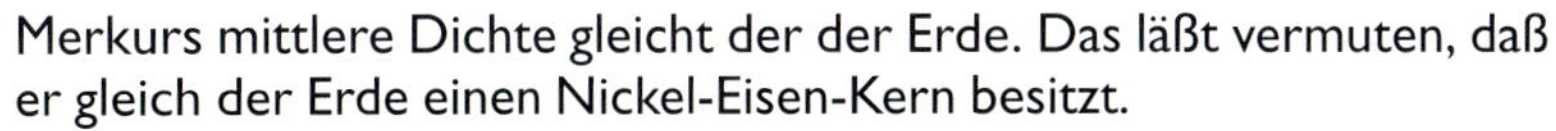

Merkurs mittlere Dichte gleicht der der Erde. Das läßt vermuten, daß er gleich der Erde einen Nickel-Eisen-Kern besitzt.
Wegen der großen Sonnennähe und der kleinen Masse besitzt Merkur praktisch keine Atmosphäre. Die Temperatur auf der Tagseite des Merkur beträgt 300 °C bis 430 °C. In der Merkurnacht sinkt sie auf -170 °C bis -180 °C ab.
Merkur besitzt keinen Mond.
Merkur rotiert in knapp zwei Monaten um 360 °. Ein Merkurjahr dauert rund 3 Monate. Die Merkurbahn ist um 7° gegen die Ekliptik geneigt und stark elliptisch. Dadurch schwankt sein Abstand von der Sonne zwischen 46 Millionen km und 70 Millionen km.

Bewegungen des Merkur

mittl. Abstand Merkur - Sonne	Rotation	Umlaufdauer um die Sonne
in AE	in Tagen	in Tagen
0,39	58,65	87,87

Wegen der Nähe zur Sonne ist Merkur nur selten und nur unter günstigen Bedingungen kurz vor Sonnenaufgang oder bald nach Sonnenuntergang zu finden. Im Fernrohr ist dann ähnlich wie beim Mond deutlich eine Phasengestalt zu erkennen.
Manchmal verläuft sein Weg - von der Erde aus gesehen - vor der Sonnenscheibe. Das nächste derartige Ereignis wird am 15. November 1999 eintreten.

Venus - der heiße Planet

Die Venus, nach der römischen Göttin der Liebe benannt, ist der Erde nach ihrer Masse und ihrem Durchmesser von allen Planeten am ähnlichsten. Kein Planet oder Stern (die Sonne ausgenommen) strahlt heller als die Venus.

Daten der Venus

Äquatordurchmesser		Masse			mittl. Dichte
in km	in Erddurchmesser	in kg	in Erdmassen	in % der Masse aller Planeten	in $g \cdot cm^{-3}$
12 104	0,95	$4,87 \cdot 10^{24}$	0,82	0,18	5,24

Die Venus ist von einer sehr dichten **Atmosphäre** umgeben. Ihre dicke Wolkendecke verhindert den Blick auf die Oberfläche dieses Planeten (Bild 40/1). Der Atmosphärendruck auf der Venusoberfläche ist so groß wie der Wasserdruck eines irdischen Ozeans in 950 m Tiefe. Das ist das 95fache des Luftdrucks an der Erdoberfläche! Die Venusatmosphäre besteht zu 96 % aus Kohlendioxid und zu 3,5 % aus Stickstoff. Der für die Lufthülle der Erde charakteristische Sauerstoff (21 %) ist in der Venusatmosphäre ganz selten.

Der hohe Anteil von CO_2 wirkt wie eine Wärmefalle: Die von der Sonne kommende Wärmestrahlung wird weitgehend hereingelassen, aber für die längerwellige Rückstrahlung ist die Atmosphäre undurchdringlich. Dadurch heizt sie sich auf. (Glasscheiben in Treibhäusern auf der Erde haben eine ähnliche Wirkung. Diesen *Treibhauseffekt* kann man auch beim Aufheizen durch Sonnenstrahlung im Innern eines Autos feststellen.)
Die Temperatur an der Venusoberfläche wurde zu etwa 450 °C ermittelt. Flüssiges Wasser kann es darum dort nicht geben.
Die Bedingungen an der Venusoberfläche sind lebensfeindlich. In dieser Hinsicht unterscheidet sie sich grundlegend von der Erde.
Durch Radarabtastung und mit Mitteln der Raumfahrt erhielt man Kenntnis von der Gestalt der festen **Venusoberfläche**. Dort gibt es Höhenunterschiede von 12 km bis 16 km. Zwei große Hochländer sind irdischen Kontinenten vergleichbar. Wahrscheinlich gibt es noch aktive Vulkane.
Von Venus-Landekapseln aufgenommene Fotos zeigen ein wüstenhaftes Gelände mit Steinen verschiedener Größe (Bild 40/2).
Die Helligkeit an der Venusoberfläche gleicht der eines trüben Herbsttages auf der Erde.
Die **mittlere Dichte** der Venus ist nur wenig kleiner als die der Erde. Deshalb kann auch hier ein metallischer Kern angenommen werden.
Wie Merkur besitzt auch die Venus keinen Mond.
Die Venus dreht sich in 243,1 Tagen einmal um ihre Achse. Die Venusbahn um die Sonne liegt zwischen der Merkur- und der Erdbahn. Die Umlaufzeit der Venus ist kürzer als ihre Rotationszeit.

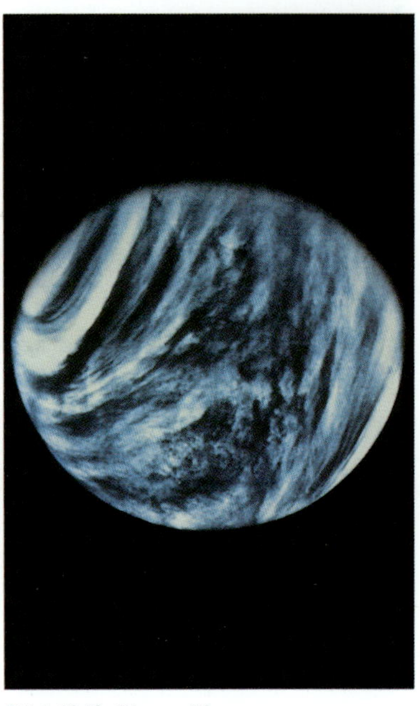

Bild 40/1: Planet Venus

Bewegungen der Venus

mittl. Abstand Venus - Sonne	Rotation	Umlaufdauer um die Sonne
in AE	in Tagen	in Tagen
0,72	243,1	224,4

Die Venusbahn kommt der Kreisform näher als die Bahnen aller anderen Planeten. Venus und Erde können sich bis auf fast 38 Millionen km nahe kommen. Von der Erde aus gesehen, kann sich die Venus maximal 47 ° von der Sonne entfernen. Sie ist darum am abendlichen Westhimmel nach Sonnenuntergang oder am morgendlichen Osthimmel vor Sonnenaufgang zu finden.
Wegen ihrer Helligkeit ist sie sowohl als *Abendstern* als auch als *Morgenstern* ein auffälliges Beobachtungsobjekt.
Wie der Mond und der Merkur zeigt auch die Venus im Fernrohr deutliche Phasen.
Die Venusbahn ist um 3,4 ° gegen die Ekliptik geneigt.
Manchmal kann es - wie bei Merkur - zu Vorübergängen vor der Sonnenscheibe kommen. Die nächsten derartigen Venusdurchgänge werden am 8. 6. 2004 und am 6. 6. 2012 zu beobachten sein.

Merkur und Venus, deren Bahnen innerhalb der Erdbahn verlaufen, heißen innere Planeten.

Bild 40/2: Oberfläche der Venus

Mars - der rote Planet

Bild 41/1: Mars - der rote Planet

Mars hat seinen Namen nach dem römischen Gott des Krieges. Zu dieser Benennung mag seine rötliche Färbung beigetragen haben, die auf die eisenhaltigen Stoffe in seinem Oberflächengestein zurückzuführen ist (Bild 41/1).
Mars hat etwa den halben Durchmesser der Erde und ungefähr ein Zehntel ihrer Masse. Dadurch beträgt die Fallbeschleunigung an seiner Oberfläche nur ungefähr ein Drittel der irdischen. Seine mittlere Dichte ist deutlich geringer als die von Merkur, Venus und Erde. Sie gleicht eher der des Mondes.

Daten des Mars

Äquatordurchmesser		Masse			mittl. Dichte
in km	in Erddurchmesser	in kg	in Erdmassen	in % der Masse aller Planeten	in $g \cdot cm^{-3}$
6 794	0,53	$6{,}42 \cdot 10^{23}$	0,11	0,02	3,93

Die Oberfläche des Mars ist vielgestaltig. Sie ist von Kratern zernarbt und mit Steinbrocken übersät (Bild 42/1). Es gibt beträchtliche Höhenunterschiede. Auf dem Mars befindet sich der höchste und größte aller bekannten Vulkane im Sonnensystem. Er hat an seinem Fuß einen Durchmesser von 600 km und ragt 27 km über das mittlere Marsniveau hinaus.
Es gibt riesige Grabensysteme und ausgetrocknete, vielfach verästelte Flußläufe. Es muß also in wärmeren Perioden der Marsgeschichte strömendes Wasser auch auf diesem Planeten gegeben haben. Heute befindet sich dieses Wasser im Marsboden und ist ständig gefroren.
Die Pole des Mars sind mit Reif- und Eiskappen aus gefrorenem Wasser und Kohlendioxid (Trockeneis) überzogen. Die Größe dieser weißen Polkappen wechselt mit den Jahreszeiten.

Bild 42/1: Oberfläche des Mars

Bild 42/2: Sturm auf dem Mars

Für die Marsoberfläche wurden Temperaturen zwischen -125 °C und + 40 °C gemessen.
Bisher konnte Leben auf dem Mars nicht nachgewiesen werden.
Mars besitzt eine dünne Atmosphäre aus 95 % Kohlendioxid, 3 % Stickstoff und 1,5 % Argon. Obwohl ihre Dichte nur 6 Tausendstel der Dichte der Erdatmosphäre erreicht, löst sie Wettererscheinungen aus. Es gibt starke Stürme (Bild 42/2) und manchmal Wolken. Zeitweilig wird die Sicht auf die Oberfläche durch aufgewirbelten Staub getrübt. Diese Vorgänge bewirken Verwitterungserscheinungen auf der Marsoberfläche. Er steht in dieser Hinsicht zwischen Mond (keine Erosion) und Erde (starke Erosion).
Der Mars rotiert in 24 h 37 min 23 s einmal um seine Achse. Damit ist ein Marstag nur wenig länger als ein Erdentag. Seine Bahn um die Sonne ist elliptisch und liegt außerhalb der Erdbahn. Ein Marsjahr dauert 1,88 Erdenjahre. Die Entfernung von der Sonne schwankt zwischen 1,38 AE (Perihel) und 1,67 AE (Aphel). Die Entfernung zur Erde reicht von 55,5 Mill. km bis 400 Mill. km. Entsprechend schwankt seine Helligkeit. In Erdnähe übertrifft sie die der hellsten Sterne.

Bewegungen des Mars

mittl. Abstand Mars - Sonne	Rotation	Umlaufdauer um die Sonne
in AE	in Tagen	in Tagen
1,52	1,03	686,98

Die Rotationsachse des Mars ist um 24 ° gegen die Ekliptik geneigt. Dadurch gibt es wie auf der Erde Jahreszeiten, nur sind sie wegen der längeren Umlaufzeit fast doppelt so lang wie bei uns. Stehen Sonne, Erde und Mars in einer Geraden, so steht Mars in **Opposition** zur Sonne. In dieser Stellung ist er die ganze Nacht über sichtbar.
Mars besitzt zwei kleine Monde, Phobos und Deimos. Phobos umläuft den Mars in 7 h 39 min, Deimos in 30 h 17 min. Da der Phobosumlauf rascher als die Marsrotation ist, geht er für einen gedachten Beobachter auf dem Mars dreimal täglich im Westen auf und im Osten unter.

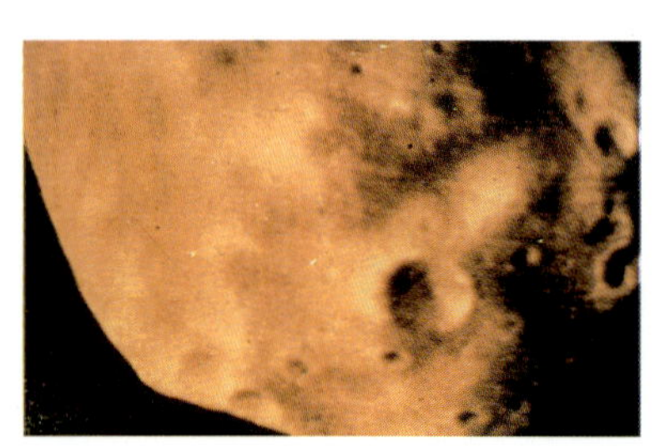

Bild 42/3: Phobos

Jupiter - der Riesenplanet

Glichen die bisher besprochenen Planeten Merkur, Venus und Mars - bei allen individuellen Unterschieden - in Größe und Masse bis zu einem gewissen Grade unserer Erde, so wenden wir uns nun einem Riesen zu: Jupiter vereint in sich die doppelte Masse aller anderen Planeten und aller Monde zusammengenommen. Majestätisch zieht er außerhalb der Marsbahn mit seinen 16 bisher bekannten Monden seine Bahn - ein Sonnensystem im kleinen.

Daten des Jupiter

Äquatordurchmesser		Masse			mittl. Dichte
in km	in Erddurchmesser	in kg	in Erdmassen	in % der Masse aller Planeten	in $g \cdot cm^{-3}$
143 600	11,26	$1{,}90 \cdot 10^{27}$	317,9	71,15	1,31

Der Blick durch das Fernrohr zeigt uns eine undurchdringliche, dichte Jupiteratmosphäre mit streifiger Struktur. Dunklere Streifen und hellere Zonen wechseln sich ab. Der **Große Rote Fleck** zeigt ein riesiges Wirbelgebiet an (Bild 43/1). Obwohl nicht unveränderlich, ist dies Grundmuster über die Jahrhunderte stabil.

Bild 43/1: Der Planet Jupiter

Die Jupiteratmosphäre besteht zu 99 % aus Wasserstoff und Helium. Diese Gase sind überhaupt die wesentlichen Bausteine des Jupiter. Man hat berechnet, daß die Atmosphäre in etwa 16 000 km Tiefe in einen Wasserstoffozean von mehreren 10 000 km Tiefe übergeht. Noch weiter nach innen wird der flüssige Wasserstoff unter dem sehr großen Druck zu metallischem, d. h., elektrisch leitendem Wasserstoff. Nur ein wenige 1 000 km dicker zentraler Kern dürfte aus Eisen und Siliciumverbindungen bestehen. Hier wurde die Temperatur zu 30 000 K berechnet.

Dieser Aufbau erklärt, warum die mittlere Dichte des Jupiter wesentlich geringer als die der bisher besprochenen Planeten ist - nur wenig mehr als die Dichte des Wassers.

Jupiter strahlt doppelt soviel Energie ab, wie er von der Sonne erhält. Offenbar entnimmt er den Überschuß aus seinem inneren Energievorrat, was zu einem langsamen Schrumpfen und zu langsamer Abkühlung führt.

Jupiter ist merklich abgeplattet. Sein Poldurchmesser ist um rund 9 000 km kleiner als der Äquatordurchmesser.

Jupiter rotiert in knapp 10 Stunden einmal um seine Achse. Die Äquatorgebiete rotieren etwas schneller als die polnahen Bereiche - ein Zeichen dafür, daß wir es nicht mit einem festen Körper zu tun haben. In fast 12 Jahren vollendet Jupiter einen Umlauf um die Sonne. Dabei schwankt seine Sonnenentfernung zwischen 4,95 und 5,45 AE.

Bild 44/1: Die Galileischen Monde

Bewegungen des Jupiter

mittl. Abstand Jupiter - Sonne	Rotation	Umlaufdauer um die Sonne
in AE	in Tagen	in Jahren
5,20	0,41	11,86

Vom Jupiter sind bisher 16 Monde bekannt. Die vier größten - Ganymed, Callisto, Io und Europa (Bild 44/1) - sind in ihren Maßen dem Merkur und dem Mond vergleichbar.

Sie wurden schon 1610 von GALILEI bei seinen ersten Fernrohrbeobachtungen entdeckt.

Die Beobachtung ihrer rasch wechselnden Stellung zum Jupiter mit einem Feldstecher oder Fernrohr gehört zu den reizvollsten astronomischen Aufgaben.

Alle Jupitermonde führen eine gebundene Rotation aus. Durch die Voyager-Sonden 1979 wurde ein schwacher **Jupiterring** entdeckt.

Die Galileischen Monde des Jupiter

Name	Durchmesser	mittl. Abstand		Umlaufzeit
	in km	in km	in % des Jupiterdurchmessers	in Tagen
Io	3 632	421 600	2,95	1,77
Europa	3 126	670 900	4,7	3,55
Ganymed	5 276	1 070 000	7,5	7,16
Callisto	4 820	1 883 000	13,2	16,69

Saturn - der Ringplanet

Bild 45/1: Der ringgeschmückte Saturn

Bild 45/2: Detailaufnahme der Ringe

Auch Saturn, der zweitgrößte Planet im Sonnensystem, ist ringgeschmückt (Bilder 45/1). Dieser Ring wurde - wie die vier großen Jupitermonde - schon 1610 von GALILEI beobachtet. Mit der Verbesserung der Fernrohre fand man, daß es sich um ein ganzes System ineinandergeschachtelter Ringe handelt (Bild 45/2).
Auch beim Saturn blicken wir auf die dichte, wolkenverhangene und streifige Atmosphäre, die vorwiegend aus Wasserstoff und Helium besteht. In Aufbau und Zusammensetzung ähnelt Saturn dem Jupiter, jedoch hat er eine noch geringere mittlere Dichte, merklich geringer als die von Wasser.

Daten des Saturn

Äquatordurchmesser		Masse			mittl. Dichte
in km	in Erddurchmesser	in kg	in Erdmassen	in % der Masse aller Planeten	in $g \cdot cm^{-3}$
120 000	9,46	$5{,}68 \cdot 10^{26}$	95,15	21,30	0,69

Wegen seiner gegenüber Jupiter fast doppelt so großen Sonnenentfernung beträgt die Temperatur der oberen Saturnatmosphäre nur etwa - 170 °C. Wegen seiner geringen Masse wird der Saturnkern nur auf etwa 20 000 K aufgeheizt. Saturn scheint einen etwa erdgroßen Gesteinskern mit hohem Eisenanteil zu besitzen. Wie Jupiter strahlt er doppelt soviel Energie ab, wie er von der Sonne erhält.

Das **Ringsystem** hat einen Durchmesser von 278 000 km, ist aber nur 0,4 km bis 0,5 km dick. Es besteht aus Staub und Gesteinsbrocken.
Die Ringe haben ihre Entstehung wahrscheinlich einem ehemaligen Saturnmond zu verdanken, der durch Gezeitenkräfte zerrissen wurde. Seine Teile haben sich um die Äquatorebene des Saturn verteilt, und sie wurden durch Zusammenstöße untereinander immer stärker zerkleinert.
Der Saturnäquator ist um 27 ° gegen die Ekliptik geneigt. Je nach dem Ort des Saturn auf seiner Bahn blicken wir manchmal auf die Oberseite, dann auf die Unterseite und schließlich alle 15 Jahre auch auf die Kante der Saturnringe. Deshalb sind sie nicht immer gut von der Erde aus zu beobachten (Bild 46/2).
Saturn ist der am stärksten abgeplattete Planet. Sein Poldurchmesser ist 13 000 km kleiner als der Äquatordurchmesser. Dieser Unterschied kann schon mit einem Schulfernrohr beobachtet werden. Von Saturn kennt man inzwischen 23 Monde. Davon haben 6 Monde einen Durchmesser größer als 150 km, 4 größer als 1 000 km (Rhea, lapetus, Dione und Thetys), und einer ist größer als 5 000 km (Titan). Nach Jupiters Ganymed ist Titan (Bild 46/1) der zweitgrößte Mond im Sonnensystem, größer als Merkur und der Erdmond.

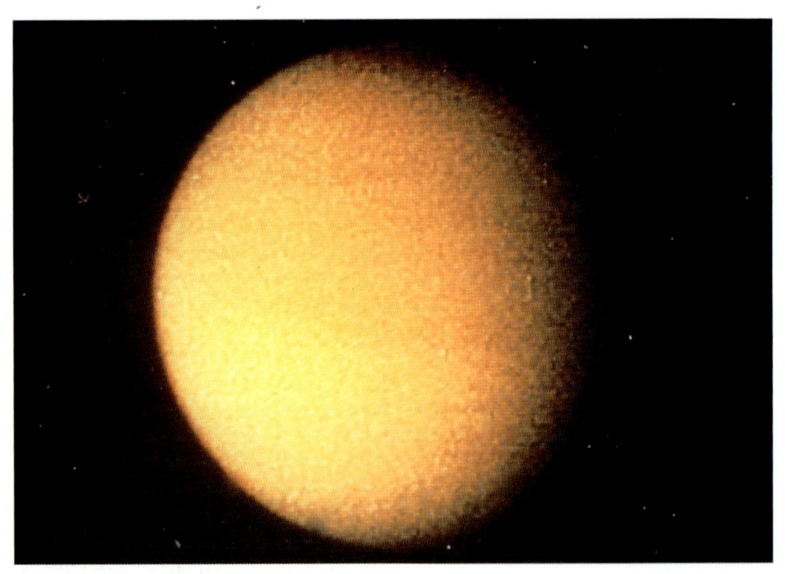

Bild 46/1: Der Saturnmond Titan

Bild 46/2: Anblick der Saturnringe von der Erde aus zu verschiedenen Zeiten

Saturn rotiert ähnlich schnell wie Jupiter. Sein Umlauf um die Sonne dauert fast 30 Jahre. Dabei schwankt sein Sonnenabstand zwischen 9 AE und 10 AE.

Bewegungen des Saturn

mittl. Abstand Saturn - Sonne	Rotation	Umlaufdauer um die Sonne
in AE	in Tagen	in Jahren
9,54	0,43	29,46

Uranus - Entdeckung der Neuzeit

Mit Saturn enden die schon mit bloßem Auge sichtbaren und seit dem Altertum bekannten *Wandelsterne*.
Uranus wurde von FRIEDRICH WILHELM HERSCHEL (geb. 1738 in Hannover, gest. 1822 in Slough bei Windsor) am 13. März 1781 entdeckt. Wegen seiner Bewegung gegenüber den Sternen hielt HERSCHEL den Neuling zunächst für einen Kometen. Berechnungen ergaben jedoch eine Planetenbahn. Er erhielt seinen Namen nach dem Vater des Saturn und Großvater des Jupiter, seinen Nachbarn im All (Bild 47/1).
Uranus steht 19 mal so weit von der Sonne entfernt wie die Erde. Er hat eine etwa 14fache Erdmasse und vierfachen Erddurchmesser.

Daten des Uranus

Äquatordurchmesser		Masse			mittl. Dichte
in km	in Erddurchmesser	in kg	in Erdmassen	in % der Masse aller Planeten	in $g \cdot cm^{-3}$
50 800	3,98	$8{,}7 \cdot 10^{25}$	14,54	3,25	1,3

Bild 47/1: Der Planet Uranus

In seiner Zusammensetzung, seinem Aufbau und seiner mittleren Dichte ähnelt er Jupiter und Saturn. Auch bei Uranus konnte ein schwaches Ringsystem nachgewiesen werden. Genauere Kenntnis vom Uranus und seinen Monden wurden vor allem beim Vorbeiflug von Voyager 2 im Januar 1986 gewonnen.
Die Uranusatmosphäre rotiert in 15 h 36 min, schneller als der Planetenkörper aus Metallen und Metallverbindungen. Die Rotation erfolgt entgegengesetzt zu der aller anderen Planeten. Ungewöhnlich ist auch seine Lage: Die Rotationsachse liegt fast in der Ekliptikebene.

Bewegungen des Uranus

mittl. Abstand Uranus - Sonne	Rotation	Umlaufdauer um die Sonne
in AE	in Tagen	in Jahren
19,18	0,71	84,67

Ein Uranusumlauf dauert 85 Erdenjahre. Seit seiner Entdeckung sind also gerade erst 2,5 Uranusjahre vergangen.
Seit der Voyager-Mission sind 15 Uranusmonde bekannt. Davon haben vier einen Durchmesser von mehr als 1 000 km (Bild 48/1).
Ihre Namen sind Shakespeare-Werken entnommen.

Bild 48/1: Die Uranusmonde Ariel, Oberon, Titania und Miranda

Neptun - am Schreibtisch entdeckt

Bild 49/1: Der Planet Neptun

In den Jahrzehnten nach der Uranusentdeckung leistete die rechnende Astronomie Außerordentliches. Um so mehr störte es, daß sich Uranus etwas anders bewegte, als nach den Bahnbestimmungen zu erwarten war. Da die von KEPLER und NEWTON gefundenen Gesetze ihre Gültigkeit schon vielfach erwiesen hatten und man die Berechnungen der Uranusbahn gründlich überprüft hatte, kam der Gedanke, daß ein weiterer Planet die Störungen verursacht. Die Göttinger Akademie der Wissenschaften setzte 1842 einen Preis für die Lösung dieses Problems aus. Zwei europäische Astronomen - der Engländer JOHN COUCH ADAMS (1819 bis 1892) und der Franzose URBAIN JEAN JOSEPH LEVERRIER (1811 bis 1877) führten präzise Berechnungen aus, die beide zur Auffindung des gesuchten Planeten hätten führen können. LEVERRIER war letztlich der Glücklichere. Er wandte sich am 18. September 1846 an den Berliner Astronomen JOHANN GOTTFRIED GALLE (1812 bis 1910) und teilte ihm das Ergebnis seiner Rechnungen mit. Der Brief traf am 23. September in der Berliner Sternwarte ein. Dort stand eine erst kurz vorher fertiggestellte Sternkarte der fraglichen Himmelsgegend zur Verfügung. Am Abend des 23. September fand GALLE zusammen mit dem Studenten D'ARREST auf Anhieb ganz in der Nähe des von LEVERRIER berechneten Ortes ein Objekt, das in der Sternkarte fehlte. Am darauffolgenden Abend wurde die Beobachtung wiederholt - der Himmelskörper hatte seinen Ort zwischen den Sternen etwas verändert: Der am Schreibtisch errechnete Planet war gefunden! Eine der spektakulärsten und aufregendsten Entdeckungen der Astronomie war gelungen (Bild 50/1).

ADAMS entging der Entdeckerruhm, weil eigene und fremde Zweifel seine Unterlagen zu lange in Schreibtischen hatten liegen lassen. Der neue Planet erhielt den Namen Neptun, Gott der Meere, nach dem Bruder des Jupiter und Sohn des Saturn.

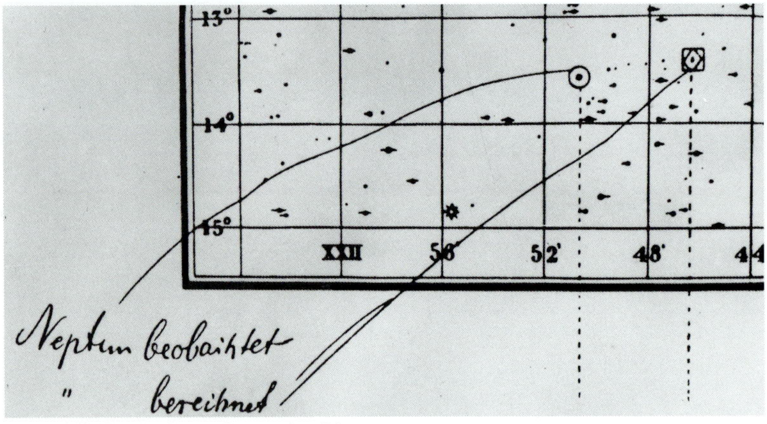

Bild 50/1: Entdeckungskarte des Neptun

Unsere Kenntnisse über diesen 30mal so weit wie die Erde von der Sonne entfernten Planeten wurden beim Vorbeiflug der Sonde Voyager 2 im Sommer 1989 verfeinert. Seine Masse ist größer als die von Uranus. Seine Wasserstoff-Methan-Atmosphäre besitzt mehrere auffällige Gebilde, darunter den **Großen Dunklen Fleck** und helle Wolken (Bild 49/1). Nimmt man Größe, Dichte und Ring-Bruchstücke dazu, dann ist die Verwandtschaft zu Jupiter, Saturn und Uranus unübersehbar.

Daten des Neptun

Äquatordurchmesser		Masse			mittl. Dichte
in km	in Erddurchmesser	in kg	in Erdmassen	in % der Masse aller Planeten	in $g \cdot cm^{-3}$
49 500	3,88	$1{,}03 \cdot 10^{26}$	17,20	3,85	1,71

Neptun rotiert in wenig mehr als 18 h einmal. Die Sonne erscheint vom Neptun aus gesehen wie die Venus von der Erde. Auch er strahlt mehr Wärme ab, als er von der Sonne aufnimmt. In 165 Jahren umläuft er die Sonne einmal. Im Jahre 2011 wird seit seiner Entdeckung ein Neptunjahr vergangen sein.

Bewegungen des Neptun

mittl. Abstand Neptun - Sonne	Rotation	Umlaufdauer um die Sonne
in AE	in Tagen	in Jahren
30,06	0,76	164,8

Man kennt heute 8 Neptunmonde. Von ihnen ist Triton seit dem Entdeckungsjahr Neptuns bekannt. Er gehört zu den 6 größten Monden im Sonnensystem. 6 Neptunmonde wurden von Voyager 2 gefunden.

Pluto - der Doppelplanet

Die Grenze des Planetensystems wurde noch einmal hinausgeschoben, als der Amerikaner Clyde William Tombaugh am 18. Februar 1930 einen weiteren Planeten fand. Dieser erhielt den Namen Pluto.
Die Daten des Pluto sind bis heute unsicher. Er ist kleiner als alle anderen Planeten und manche Monde. Seine Masse beträgt wohl nur den 600. Teil der Erdmasse.

Daten des Pluto

Äquatordurchmesser		Masse			mittl. Dichte
in km	in Erddurchmesser	in kg	in Erdmassen	in % der Masse aller Planeten	in $g \cdot cm^{-3}$
2 200	0,17	10^{22}	0,0017	0,0004	um 2

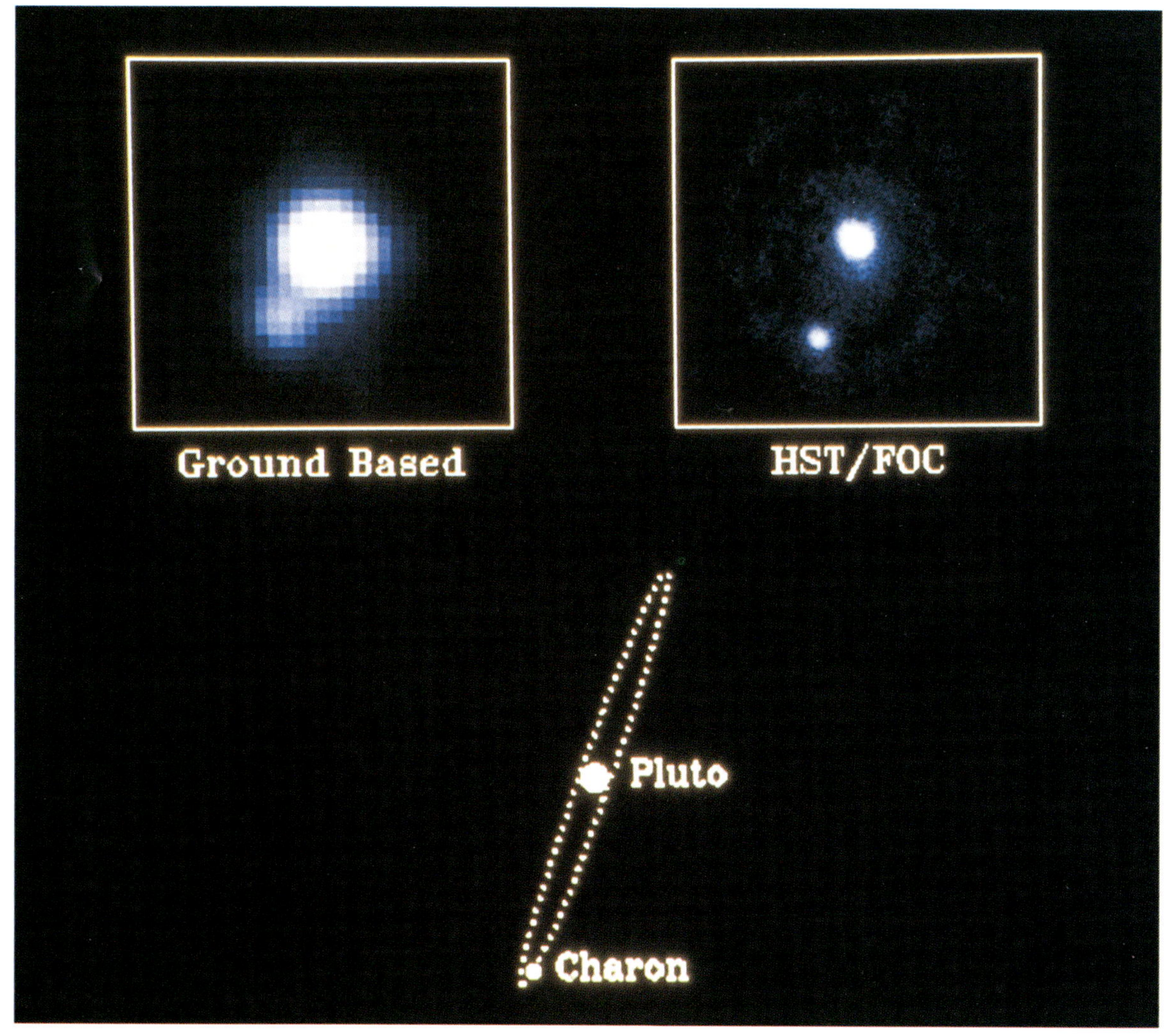

Bild 51/1: Pluto und sein Mond Charon, Aufnahmen vom Hubble-Space-Telescope

Drei ungewöhnliche Eigenschaften charakterisieren Pluto:

- Seine Bahn reicht von 29,5 AE (Perihel) bis 49,2 AE (Aphel). So große Unterschiede zwischen Sonnennähe und Sonnenferne hat kein anderer Planet. Ein Umlauf dauert 248 Jahre, und 15 % dieser Zeit bewegt er sich innerhalb der Neptunbahn.
  Das ist gegenwärtig der Fall (von 1970 bis 2008).
- Die Plutobahn ist um 17,2 ° gegen die Ekliptikebene geneigt. Das ist die mit Abstand größte Abweichung einer Planetenbahnebene von der Erdbahnebene.
- Pluto besitzt einen Mond, Charon. Die Massen von Pluto und Charon verhalten sich wie 9 : 1. Ein solches Massenverhältnis zwischen einem Planeten und seinem Mond gibt es sonst nicht annähernd im Sonnensystem. Pluto und Charon bewegen sich in etwa 17 000 km Abstand in 6,39 Tagen um ihren gemeinsamen Schwerpunkt. Man kann mit Recht von einem Doppelplaneten sprechen.

Bewegungen des Pluto

mittl. Abstand Pluto - Sonne	Rotation	Umlaufdauer um die Sonne
in AE	in Tagen	in Jahren
39,4	6,39	247,7

Erdartige und jupiterartige Planeten

Jeder der 9 Planeten des Sonnensystems hat unverwechselbare Eigenschaften, die ihn eindeutig charakterisieren. Aber es gibt auch Ähnlichkeiten: Es gibt große und kleine, massearme und massereiche, mehr oder weniger dichte, wasserstoffreiche und wasserstoffarme Planeten. Bei genauer Betrachtung kann man zwei Gruppen von Planeten bilden: solche, die in vielen ihrer Eigenschaften der Erde ähneln (erdartige Planeten), und solche, die in einer Reihe ihrer Eigenschaften dem Jupiter ähnlich sind (jupiterartige Planeten). Zur ersteren Gruppe gehören auch einige der großen Monde.

Die erdartigen Körper im Sonnensystem haben eine geringe Masse, einen kleinen Durchmesser und eine große mittlere Dichte. Die jupiterartigen Körper im Sonnensystem haben einen großen Durchmesser, große Masse und geringe mittlere Dichte.

AUFGABEN

1. Wodurch unterscheiden sich die Monde von den Planeten? Welche Gemeinsamkeiten haben sie?
2. Welches sind die Kennzeichen der inneren, welches die der äußeren Planeten?
3. Nennen Sie Beispiele für Erkenntnisse über das Sonnensystem, die in den letzten Jahrzehnten durch die Raumfahrt gewonnen oder präzisiert wurden?
4. Welche gemeinsamen Merkmale kennzeichnen erdartige und jupiterartige Körper im Sonnensystem? In welchen Eigenschaften unterscheiden sich diese beiden Gruppen voneinander? Nennen Sie Mitglieder jeder dieser Gruppen!
5. Was wissen Sie über die Entdeckungsgeschichte des Neptun? Welche anderen Planeten sind Entdeckungen der Neuzeit?

Die Monde (Satelliten) der Planeten

	Namen der mit Fernrohren entdeckten größeren Monde	Entdeckungsjahr	Durchmesser in km	Anzahl der bisher entdeckten weiteren Monde
Erde	Mond			
Mars	Phobos	1877	20 x 23 x 28	
	Deimos	1877	10 x 12 x 16	
Jupiter	Ganymed	1610	5 276	10
	Callisto	1610	4 820	
	Io	1610	3 632	
	Europa	1610	3 126	
	Amalthea	1892	155 x 270	
	Himalia	1904	170	
Saturn	Titan	1655	5 140	14
	Rhea	1672	1 530	
	Iapetus	1671	1 440	
	Dione	1684	1 120	
	Tethys	1684	1 050	
	Enceladus	1789	500	
	Mimas	1789	390	
	Hyperion	1848	400 x 250 x 240	
	Phöbe	1898	160	
Uranus	Oberon	1787	1 630	10
	Ariel	1851	1 330	
	Titania	1787	1 300	
	Umbriel	1851	1 110	
	Miranda	1948	350	
Neptun	Triton	1846	2 700	6
	Nereide	1949	400	
Pluto	Charon	1978	1300	

ZUSAMMENFASSUNG

Planeten	neben der Erde gibt es acht weitere Planeten, die die Sonne umlaufen: Merkur, Venus, Mars, Jupiter, Saturn, Uranus, Neptun und Pluto; die Planeten leuchten im reflektierten Sonnenlicht
innere Planeten	ihre Bahnen verlaufen innerhalb der Erdbahn: Merkur, Venus
äußere Planeten	ihre Bahnen verlaufen außerhalb der Erdbahn: Mars, Jupiter, Saturn, Uranus, Neptun und Pluto
Monde der Planeten	die Erde und alle äußeren Planeten besitzen Monde
erdartige Körper	ähneln nach Masse, mittlerer Dichte und chemischer Zusammensetzung der Erde; zu dieser Gruppe gehören: Merkur, Venus, Mars, Erdmond, einige große Monde der anderen Planeten
jupiterartige Körper	ähneln dem Jupiter, besitzen große Masse, großen Durchmesser, aber geringe Dichte und sind wasserstoff- und heliumreich; zu dieser Gruppe gehören: Jupiter, Saturn, Uranus, Neptun

Bewegung der Planeten um die Sonne

Die Planeten, ihre Monde und die kleinen Körper des Sonnensystems (Planetoiden, Kometen, Meteorite) bewegen sich um die Sonne. Der Ort jedes dieser Himmelskörper auf seiner Bahn läßt sich mit großer Genauigkeit vorausberechnen. Welches sind die Bewegungsgesetze, die solchen Berechnungen zugrunde liegen?

Scheinbare und wirkliche Bewegungen

Die Planeten verändern ihre Stellung gegenüber den Sternen. Als „Schnelläufer" erweisen sich besonders Venus und Mars. Bei Beobachtung der Bewegung des Mars (und schwächer bei den anderen äußeren Planeten) tritt von Zeit zu Zeit eine Merkwürdigkeit auf:
Der Mars bewegt sich gegenüber den Sternen von West nach Ost, kommt zum Stillstand, bewegt sich entgegengesetzt von Ost nach West, kommt wieder zur Ruhe und bewegt sich erneut von West nach Ost (Bild 54/2).

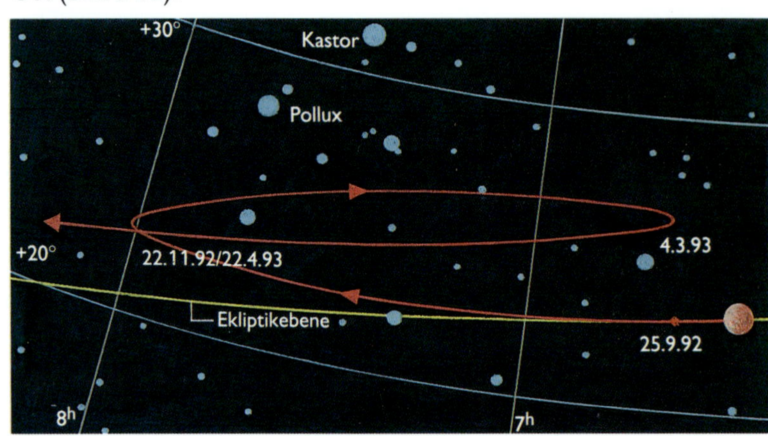

Bild 54/2: Bewegung des Mars in den Jahren 1992/93

Dieses seltsame Hin und Her wird uns vorgetäuscht, weil wir uns mit der Erde selbst bewegen. Überholt die schnellere Erde auf ihrer Bahn einen äußeren, langsameren Planeten, so scheint sich dieser zeitweilig rückläufig zu bewegen (Bild 55/1). Da die Bahnebenen der anderen Planeten nicht völlig mit der der Erde übereinstimmen, laufen Mars und die anderen äußeren Planeten nicht in genau derselben Bahn zurück, in der sie kamen. Es bildet sich eine Schleife, die beim Mars besonders ausgeprägt sein kann. Ein gedachter Beobachter weit oberhalb der Ekliptik sieht dagegen die wirklichen Planetenbewegungen: Alle neun Planeten bewegen sich in gleicher Richtung (entgegengesetzt dem Uhrzeiger) unterschiedlich schnell um die Sonne. Ihre Bahngeschwindigkeit ist um so größer, je näher sie der Sonne sind.

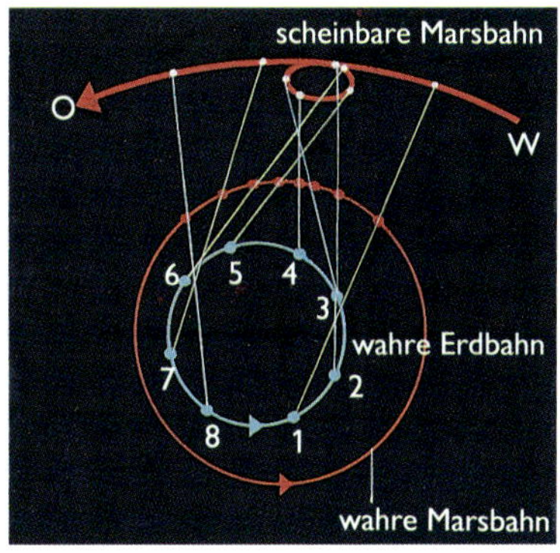

Bild 55/1: Entstehung einer Marsschleife

Keplers 1. Gesetz

NIKOLAUS KOPERNIKUS (1473 bis 1543) nahm Kreisbahnen der Planeten um die Sonne an. Die danach berechneten Örter der Planeten am Himmel stimmten jedoch schon bald nicht mehr. Das war ein Grund, weshalb der unermüdliche Himmelsbeobachter und Rechner TYCHO BRAHE (1546 bis 1601) das kopernikanische Weltbild ablehnte. Gleichzeitig aber lieferte BRAHE eine Fülle von Beobachtungsdaten, auf deren Grundlage der geniale Gelehrte JOHANNES KEPLER (1571 bis 1630) die Gesetze der Planetenbewegung fand.
Das **1. Keplersche Gesetz** (1609) beschreibt die Gestalt der Planetenbahnen (Bild 55/2):

Die Planeten bewegen sich auf Ellipsenbahnen, in deren einem Brennpunkt die Sonne steht.

Ellipse. Eine Ellipse ist der geometrische Ort aller Punkte, die von 2 gegebenen Punkten (Brennpunkten) gleichen Abstand haben.
Je weiter die Brennpunkte voneinander entfernt sind, desto gestreckter ist die Ellipse. Je näher sie beieinander stehen, um so kreisähnlicher ist die Ellipse.
Aus dem 1. Keplerschen Gesetz folgt, daß die Planeten ihren Abstand zur Sonne bei ihrem Umlauf ändern. Die kleinste Sonnenentfernung heißt **Perihel** (Sonnennähe), die größte **Aphel** (Sonnenferne).

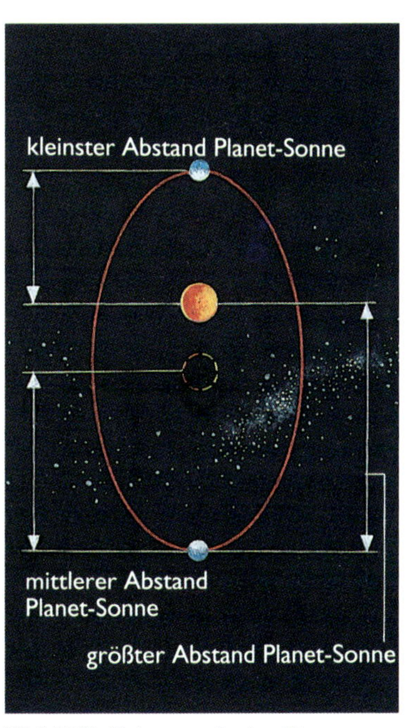

Bild 55/2: Bahngestalt der Planeten

Planetenbahnen

Planet	Entfernung der Planeten von der Sonne in Millionen Kilometer		
	Aphel	mittlere Entfernung	Perihel
Merkur	69,7	57,9	45,9
Venus	109	108,2	107,4
Erde	152,1	149,6	147,1
Mars	249,1	227,9	206,7
Jupiter	815,7	778,3	740,9
Saturn	1 507	1 427	1 347
Uranus	3 004	2 869,6	2 735
Neptun	4 537	4 496,7	4 456
Pluto	7 373	5 900	4 425

Keplers 2. Gesetz

In dem ebenfalls 1609 formulierten **2. Keplerschen Gesetz** wird die Bewegung der Planeten auf ihrer Bahn beschrieben (Bild 56/1):

Die Verbindungslinie Sonne - Planet überstreicht in gleichen Zeiten gleiche Flächen.

Aus dem 2. Keplerschen Gesetz folgt, **daß sich die Planeten in Sonnennähe schneller bewegen als in Sonnenferne**. Die Bahngeschwindigkeit der Erde z. B. beträgt in Sonnennähe 31 km · s^{-1}, in Sonnenferne 29 km · s^{-1}.

Bild 56/1: Die grauen Flächen in der Planetenbahnebene sind gleich groß. Die zu den Flächen gehörenden Bahnabschnitte werden vom Planeten in der gleichen Zeit durchlaufen.

Keplers 3. Gesetz

Das **3. Keplersche Gesetz** (1619) gibt den Zusammenhang von Bahngröße und Umlaufzeiten wieder:

Die Quadrate der Umlaufzeiten zweier Planeten verhalten sich wie die dritten Potenzen der großen Halbachsen ihrer Bahnellipsen.

(1) $\frac{T_1^2}{T_2^2} = \frac{a_1^3}{a_2^3}$

T_1, T_2 - Umlaufzeiten der Planeten 1 und 2
a_1, a_2 - große Bahnhalbachsen der Planeten 1 und 2

Bringt man die Gleichung (1) in die Form

$\frac{a_1^3}{T_1^2} = \frac{a_2^3}{T_2^2}$, so erhält man für jeden Planeten

(2) $\frac{a^3}{T^2}$ = konstant.

Der Quotient aus der 3. Potenz des großen Bahnhalbmessers und dem Quadrat der Umlaufzeit ist für alle Planeten gleich. Er besitzt einen für das Sonnensystem charakteristischen Wert.
Aus der 2. Fassung des 3. Keplerschen Gesetzes läßt sich ableiten, **daß die Bahngeschwindigkeiten der Planeten mit wachsendem Sonnenabstand abnehmen** (siehe Tabelle).

Bahngeschwindigkeiten der Planeten

Planet	Entfernung im Aphel in Mill. km	mittl. Bahngeschwindigkeit in km · s^{-1}
Merkur	57,9	47,8
Venus	108,2	35,03
Erde	149,6	29,79
Mars	227,9	24,13
Jupiter	778,3	13,06
Saturn	1 427	9,64
Uranus	2 869,6	6,81
Neptun	4 496,7	5,43
Pluto	5 900	4,74

Das Gravitationsgesetz

KEPLERS Gesetze wurden zu einer starken Stütze für das kopernikanische Weltbild. Sie beschreiben **wie** sich die Planeten bewegen. Aber sie geben noch keine Auskunft, **warum** sie sich so bewegen. KEPLER hatte sich diese Frage auch schon gestellt. Mit der Annahme einer Anziehungskraft, die ihren Sitz in der Sonne haben sollte, kam er der Lösung nahe. Die physikalische Begründung und mathematische Formulierung gelang ISAAC NEWTON (1643 bis 1727) im Jahre 1687 auf der Grundlage der Keplerschen Gesetze. Er entdeckte die gegenseitige Anziehung (Gravitation) als eine grundlegende Eigenschaft aller Massen. Für die Gravitationskräfte zwischen zwei Massen gilt das **Gravitationsgesetz**:

$$F = \gamma \frac{m_1 \cdot m_2}{r^2}$$

F - Gravitationskraft
m_1, m_2 - Massen zweier Körper
r - Abstand der Schwerpunkte der Körper
γ - Gravitationskonstante, $\gamma = 6{,}67 \cdot 10^{-11}\ \mathrm{N \cdot m^2 \cdot kg^{-2}}$

Die Gravitationskraft wächst mit den Massen und nimmt mit dem Quadrat ihres Abstandes voneinander ab. Die Gravitationskonstante ist überall im Weltall gleich.
Das Gravitationsgesetz ist eines der grundlegenden Naturgesetze im Kosmos. Nach ihm berechnen sich die Gewichtskräfte der Körper auf der Erde ebenso wie die Bahnbewegungen der Monde und Kometen und aller anderen Himmelskörper.

AUFGABEN

1. Ermitteln Sie für dieses und das nachfolgende Jahr a) die Dauer des Sommerhalbjahres (von Frühlingsbeginn bis Herbstanfang) und b) die Länge des Winterhalbjahres (von Herbstbeginn bis Frühlingsanfang) in Tagen und Stunden! Erklären Sie die ungleichen Längen beider Halbjahre!
2. Berechnen Sie $a^3 : T^2$ für jeden Planeten! Bestimmen Sie den Wert der Konstanten im 3. Keplerschen Gesetz!
3. Berechnen Sie näherungsweise die Bahngeschwindigkeiten der Planeten, indem Sie Kreisbahnen zugrundelegen!

ZUSAMMENFASSUNG

1. Keplersches Gesetz	Planeten bewegen sich auf Ellipsen, in deren einem Brennpunkt die Sonne steht.
2. Keplersches Gesetz	Die Verbindungsgerade Sonne - Planet überstreicht in gleichen Zeiten gleiche Flächen.
3. Keplersches Gesetz	Die Bahngeschwindigkeit der Planeten nimmt mit wachsendem Sonnenabstand ab. $\frac{T_1^2}{T_2^2} = \frac{a_1^3}{a_2^3}$, $\frac{a^3}{T^2}$ = konstant
Gravitationsgesetz	Massen ziehen sich an; diese Eigenschaft heißt Gravitation $F = \gamma \frac{m_1 \cdot m_2}{r^2}$

Kleinkörper im Sonnensystem

Von Zeit zu Zeit lesen wir von Begegnungen der Erde mit kleinen Himmelskörpern, beobachten Sternschnuppen oder können gar einen Kometen sehen. Diese kleinen Objekte werden normalerweise kaum bemerkt. Sie werden erst dann interessant, wenn sie spektakulär in Erscheinung treten.

Kleinplaneten (Planetoiden)

Am ersten Tag des 19. Jahrhunderts, in der Nacht des 1. Januar 1801, entdeckte GIUSEPPE PIAZZI (1746 bis 1826) einen bis dahin unbekannten Himmelskörper, der den Namen **Ceres** erhielt. Bahnberechnungen ergaben, daß sich Ceres in einer Bahn zwischen der Mars- und der Jupiterbahn um die Sonne bewegt. Bis 1807 wurden 3 weitere Himmelskörper mit einem ähnlichen Sonnenabstand gefunden, erst 1845 der nächste. Wegen ihrer planetenähnlichen Bahnen, aber nur geringen Größen werden sie **Kleinplaneten** (Planetoiden, auch Asteroiden) genannt (Bilder 58/2, 59/1 und Tabelle).

Bild 58/2: Größenvergleich Mond - größte Planetoiden

Die größten Kleinplaneten

Name	Entdeckungsjahr	Entdecker	mittl. Sonnenabstand in AE	Durchmesser in km
Ceres	1801	PIAZZI	2,79	1 025
Pallas	1802	OLBERS	2,77	540
Vesta	1807	OLBERS	2,36	555
Hygea	1849	DE GASPARIS	3,14	443

Bei den Planetoiden handelt es sich um rotierende Körper mit meist unregelmäßiger Gestalt. Bisher wurden mehr als 4 000 Kleinplaneten entdeckt. Für etwa die Hälfte wurden die Bahnen berechnet. Die Gesamtanzahl der Planetoiden dürfte um 100 000, ihre Durchmesser dürften meist 20 km bis 40 km betragen. Darüber hinaus wird es eine große Anzahl noch kleinerer Planetoiden oder Bruchstücke von ihnen geben, die wegen ihrer geringen Größe nicht beobachtet werden können. Die Gesamtmasse aller Kleinplaneten ist kleiner als die Mondmasse. Es wird vermutet, daß die Planetoiden Reste von Planetesimals sind, d. h., kleiner fester Körper aus der Entstehungszeit des Planetensystems, und daß die Wirkung der benachbarten großen Jupitermasse ihre Verschmelzung zu einem Planeten verhindert hat.

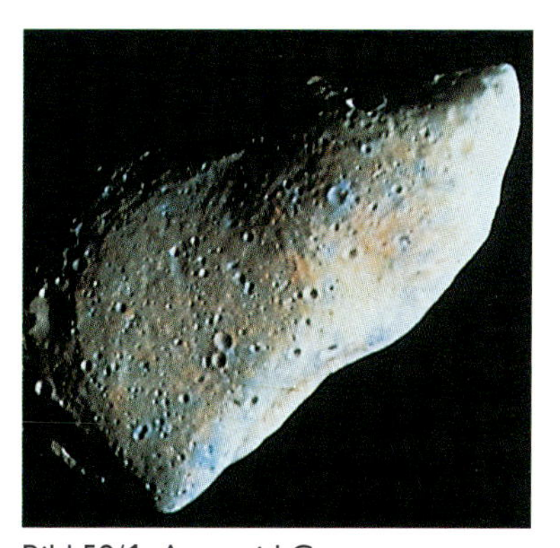

Bild 59/1: Asteroid Gaspra

Kometen

Die **Kometen** oder **Schweifsterne** (Bild 59/2) geben uns auch heute noch manches Rätsel auf. Zwar kennen wir von einigen die Bahn und die Periode ihrer Wiederkehr. Seit der Entsendung von Raumsonden zum Halleyschen Kometen (1986) haben wir genauere Kenntnis über ihre Zusammensetzung und über Vorgänge bei Annäherung an die Sonne. Aber ihre Anzahl, ihr Aufenthalt in den entferntesten Bereichen des Sonnensystems (50 0000 AE) und ihre Herkunft lassen Spekulationen noch immer breiten Raum. Alle beobachteten Kometen bewegen sich auf sehr exzentrischen Bahnen. Sie tauchen aus den entfernten Bereichen des Sonnensystems auf, nähern sich der Sonne, entfalten ihre Pracht und verschwinden wieder. Die Kometenkerne (Bild 59/3) sind Körper mit Durchmessern von 5 km bis 50 km aus einem Eis-Staub-Gemisch mit lockerer Struktur. Bei Annäherung an die Sonne verdampft ein Teil des Eises und bildet um den Kometenkern eine Wolke leuchtenden Gases, die **Koma**. Durch den Sonnenwind wird ein Teil dieser Gashülle entgegengesetzt zur Sonne bewegt und als **Schweif** sichtbar. Die Bahnen der Kometen werden durch die Sonne und die großen Planeten beeinflußt und verändert.
Man nimmt an, daß sich am Rande des Sonnensystems hundert Milliarden Kometenkerne aufhalten, von denen nur wenige in ihrer Bahn gestört werden und in die Nähe der Sonne gelangen. Wahrscheinlich gehören sie zur Restmaterie aus der Entstehungszeit des Sonnensystems, die bei Temperaturen nahe dem absoluten Nullpunkt (-273 K) kondensierte und verklumpte und gerade noch von der Gravitationskraft der Sonne an das Sonnensystem gebunden wird.

Bild 59/2: Komet Kohoutek

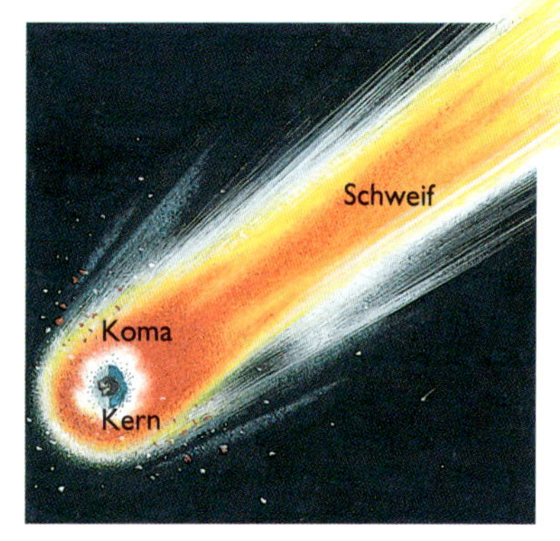

Bild 59/3: Schematischer Aufbau eines Kometen

Meteorite

Im Weltraum schwirren viele kleine und kleinste Objekte umher. Sie stammen aus Zertrümmerungen bei Zusammenstößen von Planetesimals oder Planetoiden oder aus zerbrochenen und aufgelösten Kometenkernen. Sie werden **Meteorite** genannt. Beim Eindringen in die Erdatmosphäre rufen sie Leuchterscheinungen (Bild 59/4) hervor, die je nach ihrer Intensität Sternschnuppen oder Feuerkugeln (Meteore) heißen. Die meisten Meteorite verdampfen auf dem Weg durch die Atmosphäre. Größere Meteorite können die Erdoberfläche erreichen.

Bild 59/4: Lichtspur eines Meteoriten

Nach ihrer Zusammensetzung gibt es **Steinmeteorite** und **Eisenmeteorite**. Steinmeteorite (Bild 60/1) bestehen zu rund 78 % aus Sauerstoff-, Magnesium- und Siliciumverbindungen, Eisenmeteorite zu 100 % aus Eisen, Nickel und Kobalt. Obwohl Steinmeteorite etwa 95 % aller Meteoritenfälle ausmachen, werden Eisenmeteorite häufiger gefunden, weil sie auffälliger sind und kaum verwittern.
Zusammenstöße der Erde mit größeren Meteoriten oder auch Kometenkernen hat es gegeben. Sie sind auch zukünftig nicht auszuschließen. So ist ein Einschlagkrater im Nördlinger Ries (Bayern/Baden-Württemberg) mit 23 km Durchmesser und 200 m Tiefe auf einen Meteoriteneinschlag mit gewaltiger Wirkung vor 14,6 Millionen Jahren zurückzuführen. Ein noch gut erhaltener Meteoritenkrater findet sich im Canon Diablo in Arizona/USA (Bild 60/2). Vor etwa 20 000 Jahren wurde er durch einen Meteoriten von rund 2 Millionen t mit einem ungefähren Durchmesser von 30 m verursacht.

Bild 60/1: Steinmeteorit. Er wurde in Kap York auf Grönland gefunden.

Einige bedeutende Meteoritenfälle

Fall- oder Fundort/Land	Masse in t	Art des Meteoriten
Hoba West/Namibia	60	Fe/Ni
Ahnighito/Grönland	30,4	Fe/Ni
Bacuberita/Mexiko	27	Fe/Ni
Mbos/Tansania	26	Fe/Ni
Armunti/Mongolei	20	Fe/Ni
Kirin/China	1,770	Stein
Furnas Co/Nebraska, USA	1,073	Stein
Long Island/Kansas, USA	0,564	Stein
Paragould/Arkansas, USA	0,408	Stein

Bild 60/2: Der Meteoritenkrater von Arizona mit einem Durchmesser bis 1 265 m. Die Kratertiefe gegenüber dem Ringwall beträgt 174 m.

Sternschnuppen können zu bestimmten Zeiten gehäuft beobachtet werden (siehe untenstehende Tabelle). Das tritt dann ein, wenn die Erde die Bahn eines in unzählige Stücke zerborstenen Planetesimals oder Planetoiden oder eines zerfallenen Kometenkernes kreuzt.

Einige auffällige Meteoritenströme

Name	Zeitraum	Datum des Maximums	visuell sichtb. Meteore je Std. (ungefähr)
Quadrantiden	01. 01. - 04. 01.	03. 01.	30
Perseiden	29. 07. - 17. 08.	12. 08.	40
Geminiden	07. 12. - 15. 12.	14. 12.	55

ZUSAMMENFASSUNG

Kleinplaneten	Körper meist unregelmäßiger Gestalt, befinden sich vor allem zwischen Mars- und Jupiterbahn
Kometen	kleine Körper, die in Sonnennähe Koma und Schweif ausbilden
Meteorite	Kleinstkörper, die beim Eindringen in die Erdatmosphäre Leuchterscheinungen ausbilden (Sternschnuppen, Feuerkugeln); größere Meteorite (∅ > 1 cm) können die Erdoberfläche erreichen

Sterne und Sternsysteme

Im Jahre 1054 wurde ein vorher nie gesehener Stern beobachtet. Er war sogar am Tage sichtbar. Heute wissen wir, daß es sich um die Explosion eines Sterns handelte. Die weggeschleuderten Außenschichten sind als Nebel noch immer zu sehen.

Die Sonne

Ohne die Sonne wäre keinerlei Leben auf der Erde möglich. Das ist schon vor Jahrtausenden erkannt worden. Im alten Ägypten wurde die Sonne deshalb als Gottheit verehrt. Woher stammt die Sonnenenergie? Wie lange kann die Sonne Energie abstrahlen? Was wird einmal aus der Sonne?

Aufbau der Sonne

Die Sonne ist ein Stern, d. h., eine selbstleuchtende Gaskugel großer Masse und hoher Temperatur.
Alle Sterne sind Gaskugeln, deren Materie durch die Gravitationskraft zusammengehalten wird. Mit Ausnahme der Sonne befinden sie sich so weit von der Erde entfernt, daß sie mit dem bloßen Auge und sogar auch bei der Beobachtung mit dem Fernrohr lediglich als Lichtpunkte erscheinen. Nur bei ganz wenigen Sternen sind bisher mit großem technischen Aufwand Andeutungen von Oberflächenstrukturen entdeckt worden.
Kein anderer Stern bietet so gute Beobachtungsmöglichkeiten wie die Sonne. Sie ist uns 266 000mal näher als der Nachbarstern Alpha Centauri, 553 000mal näher als der helle Sirius, 41 Millionen mal näher als der Polarstern. Sie ist der einzige Stern, auf dem wir von der Erde aus bereits mit einem mittelgroßen Fernrohr viele Einzelheiten (z. B. dunkle Flecken, die Schichten der äußeren Gashülle, flammende Gasausbrüche) beobachten können.
Die Sonne rotiert, jedoch nicht wie ein fester Körper. Die Äquatorzone bewegt sich schneller als die polnahen Bereiche; im Mittel dauert eine Umdrehung 25,4 Tage.

Wichtige Größen der Sonne

Radius	700 000 km (etwa 110 Erdradien)
Masse	$2 \cdot 10^{30}$ kg (etwa 330 000 Erdmassen)
mittlere Dichte	$1{,}41\ g \cdot cm^{-3}$ (etwa 1/4 der mittleren Dichte der Erde)
Fallbeschleunigung an der Oberfläche (Photosphäre)	$274\ m \cdot s^{-2}$
chemische Zusammensetzung	vorwiegend Wasserstoff (73 % der Masse) und Helium (25 % der Masse)

Das Sonneninnere besteht aus einem Gemisch aus Wasserstoff- und Helium-Atomkernen sowie freien Elektronen. Im Zentrum der Sonne ist die Materie sehr stark konzentriert. Die Temperatur beträgt dort $1{,}5 \cdot 10^7$ K und der Druck $2 \cdot 10^{16}$ Pa. Nach außen zu nehmen Temperatur und Druck ab. In der Übergangszone vom Sonneninneren zur Sonnenatmosphäre beträgt die Temperatur im Mittel noch 6 000 K. Diese Übergangszone heißt **Photosphäre** (Bild 63/1).
Die Photosphäre ist nur etwa 300 km dick, deshalb erscheint der Sonnenrand im Fernrohr als scharfe Grenze. Die Photosphäre ist die Schicht, von der der größte Teil der Sonnenenergie nach außen abgestrahlt wird. Wir sehen sie als Oberflächenschicht der Sonne.

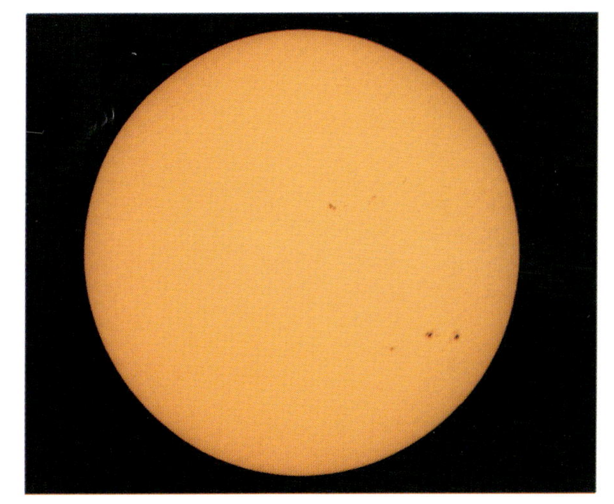

Bild 63/1: Sonne mit Sonnenflecken. Wir blicken durch die Sonnenatmosphäre hindurch auf die Photosphäre.

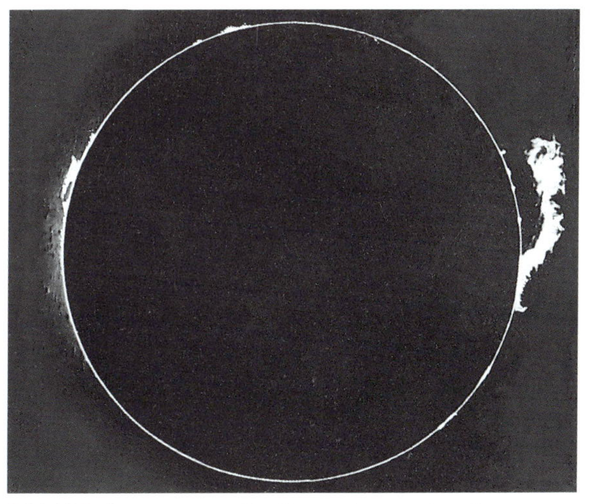

Bild 63/2: Bei einer totalen Sonnenfinsternis zeigen kurzbelichtete Aufnahmen die Chromosphäre.

Im Fernrohrbild der Sonne nimmt die Helligkeit zum Rande hin ab, denn in der Nähe des Sonnenrandes schaut man schräg auf die Photosphäre und empfängt Licht vorwiegend aus ihren oberen, kühleren und daher schwächer leuchtenden Schichten. Die Photosphäre ist nicht gleichmäßig weiß. Auf guten Sonnenfotografien erkennt man eine körnige Struktur (Granulation). Die einzelnen Elemente befinden sich in ständiger Bewegung, da unter der Photosphäre die Materie bis in eine Tiefe von etwa 150 000 km kräftig durchmischt wird.
Wie eine Haut aus Flammen liegt über der Photosphäre die rötlich leuchtende **Chromosphäre**. Sie ist 10 000 km bis 30 000 km dick, durchsichtig und leuchtet deutlich schwächer als die Photosphäre.

Deshalb tritt sie nur dann in Erscheinung, wenn die Photosphäre verdeckt wird. Das ist z. B. bei einer totalen Sonnenfinsternis der Fall (Bild 63/2), kann aber auch durch geeignete Blenden oder Filter im Fernrohr bewirkt werden. Magnetische Kräfte reißen die glühenden Gasmassen mit Geschwindigkeiten bis zu 30 km · s^{-1} nach außen. Die Temperatur in der Chromosphäre nimmt nach außen hin zu: Von 4 500 K an der Grenze zur Photosphäre steigt sie auf rund 500 000 K. Trotzdem ist der Energiegehalt der Chromosphärengase nur gering, weil ihre Dichte sehr niedrig ist (sie beträgt nur etwa ein Millionstel der Dichte unserer Atemluft).
Die äußerste Schicht der Sonnenatmosphäre ist die **Korona**, eine gewaltige weißliche Gaswolke, die weit in den Weltraum hinausreicht und sich ohne scharfe Begrenzung dort allmählich verliert (Bild 64/2). Auch die Korona kann wegen ihrer geringen Helligkeit nur bei totalen Sonnenfinsternissen mit dem bloßen Auge gesehen werden. Ähnlich wie in der Chromosphäre steigt auch in der Korona die Temperatur nach außen hin stark an. Sie erreicht Werte bis zu $4 \cdot 10^6$ K. Bei solchen Temperaturen wird die Energie nur zu einem geringen Teil im Bereich des sichtbaren Lichtes abgegeben; der überwiegende Anteil ist ultraviolette und Röntgenstrahlung. Röntgenbeobachtungen zeigen die Sonne als fleckiges, inhomogenes Gebilde. Dunkle „Löcher" finden sich neben intensiv strahlenden Bereichen. Offenbar werden die Koronastrukturen stark durch **Magnetfelder** geprägt. Die hohen Temperaturen in der Korona haben zur Folge, daß ständig Protonen, Elektronen und in geringem Maße auch Atomkerne des Elements Helium nach außen abfließen. Dieses elektrisch ideal leitende Teilchengemisch heißt **Sonnenwind**. In jeder Sekunde strömt etwa 1 Mill. t Sonnenmaterie mit Überschallgeschwindigkeit in den Weltraum und bildet eine Plasmahülle, innerhalb derer sich die Planeten und die Kleinkörper des Sonnensystems bewegen. Sie umgibt die Sonne bis in einige 100 AE Entfernung. Da die Teilchen des Sonnenwindes elektrisch geladen sind, werden sie in der Mehrzahl von den Magnetfeldern der Planeten eingefangen. So entstehen die Strahlungsgürtel der Planeten, Bereiche hoher Teilchendichte.

Bild 64/1: Schnitt durch die Sonne

Bild 64/2: Sonnenkorona bei einer totalen Sonnenfinsternis

Sonnenenergie

Seit 1938 ist bekannt, woher die Sonne und die anderen Sterne die Energie beziehen, die sie über Milliarden Jahre hinweg in den Weltraum abstrahlen. Sie zapfen die gewaltigen Vorräte an **Kernbindungsenergie** an, die im Wasserstoff in ihrem Inneren verborgen sind.
Die Atomkerne des Wasserstoffs (Protonen) können unter bestimmten Voraussetzungen miteinander verschmelzen, so daß Helium-Atomkerne entstehen. Dabei wird Bindungsenergie frei.
Beim Aufbau eines Heliumkerns entsteht ein Energiebetrag von rund $4 \cdot 10^{-12}$ J in Form von Strahlung. Da sehr viele derartige Verschmelzungsprozesse gleichzeitig ablaufen, ist der insgesamt freiwerdende Energiebetrag sehr groß. Die Atomkernverschmelzung wird als **Kernfusion** bezeichnet.
Da die Protonen elektrisch gleichnamig geladen sind, wirkt zwischen ihnen eine relativ starke elektrostatische Abstoßungskraft. Voraussetzung für das Zustandekommen der Kernfusion ist, daß die Protonen sehr hohe kinetische Energien besitzen, um diese Abstoßungskraft zu überwinden. Das ist bei Temperaturen über 10^7 K der Fall. Deshalb findet die Kernfusion nur im heißesten Bereich der Sonne, im **Zentralgebiet**, statt.
Protonen können sich auf unterschiedliche Weise miteinander vereinigen. Welche Reaktionsfolge sie durchlaufen, hängt wesentlich von der Temperatur im Zentrum des betreffenden Sterns ab. In der Sonne läuft vorwiegend die Proton-Proton-Reaktion ab:

$$^1H + {}^1H \rightarrow {}^2H + e^+ + \nu$$
$$^2H + {}^1H \rightarrow {}^3He + \gamma$$
$$^3He + {}^3He \rightarrow {}^4He + {}^1H + {}^1H$$

In diesen Reaktionsgleichungen bedeuten:

^1H Proton

^2H Deuteriumkern (schwerer Wasserstoff)

^3He Heliumzwischenkern

^4He Heliumkern

e^+ Positron

ν Neutrino

γ freiwerdende Energie

Die chemische Zusammensetzung des Zentralgebietes der Sonne hat sich durch die ständig ablaufende Kernfusion von anfänglich etwa 73 % Wasserstoff und 25 % Helium auf gegenwärtig vermutlich etwa 35 % Wasserstoff und 63 % Helium verändert. (2 % der Sonnenmasse sind andere chemische Elemente.)
Bei der Kernfusion wird ein Teil der Masse der Atomkerne in Energie umgewandelt, dadurch verringert sich die Masse der Sonne um $4{,}4 \cdot 10^9$ kg pro Sekunde.
Man darf sich die Sonnenmaterie in der Zentralregion nicht als „normales" Gas vorstellen. Moleküle oder Atome haben bei der hohen Temperatur keinen Bestand; es existieren lediglich Atomkerne und freie Elektronen. Das Gas ist also dort, wo in der Sonne die Energie freigesetzt wird, in Wahrheit ein **Plasma**.
Erst viel weiter außen, in Bereichen merklich geringerer Temperaturen, ist es den Atomkernen möglich, Elektronen einzufangen und sie wenigstens zeitweise festzuhalten.

Energietransport in der Sonne. Die Sonnenenergie wird von der Photosphäre in den Weltraum abgestrahlt, nicht vom Zentrum. (Wäre es so, dann müßte anstelle der Sonne ein gleißend heller Punkt am Himmel zu sehen sein und nicht - wie jeder mit einem genügend dunklen Glas vor dem bloßen Auge leicht nachprüfen kann - eine fast gleichmäßig helle Kugel.)

Die freigesetzte Kernbindungsenergie muß also als Strahlung vom Zentralgebiet der Sonne nach außen transportiert werden. Sie wird auf ihrem Wege nach außen unzählige Male von einem Teilchen der Sonnenmaterie absorbiert und nach ganz kurzer Zeit wieder emittiert. Dabei ist sein Weg nicht geradlinig; vielmehr verlaufen die Absorptions- und Emissionsvorgänge fast völlig ungeordnet. Es dauert etwa 10^6 Jahre, bis die im Zentralgebiet der Sonne entstandene Energie die Photosphäre erreicht hat. In einer Schicht von etwa 600 000 km Dicke unterhalb der Photosphäre wird die Energie vorwiegend durch **Konvektion** transportiert: Die heißen Gasmassen steigen in oberflächennahe Bereiche auf, kühlen sich dort ab, sinken wieder in heißere Bereiche zurück, erwärmen sich erneut und führen so ständig Energie von innen nach außen. Dieser Bereich ist die **Wasserstoffkonvektionszone**.

Strahlung der Sonne

Die Sonnenstrahlung besteht aus elektromagnetischen Wellen und aus Teilchen.

Bestandteile der Sonnenstrahlung

elektromagnetische Wellen	Teilchen
Gammastrahlung	Protonen
Röntgenstrahlung	Elektronen
ultraviolette Strahlung	Heliumkerne
sichtbares Licht	
Wärmestrahlung	
Radiowellen	
Geschwindigkeit:	Geschwindigkeit:
300 000 km · s^{-1} (Lichtgeschwindigkeit)	300 km · s^{-1} bis 600 km · s^{-1}

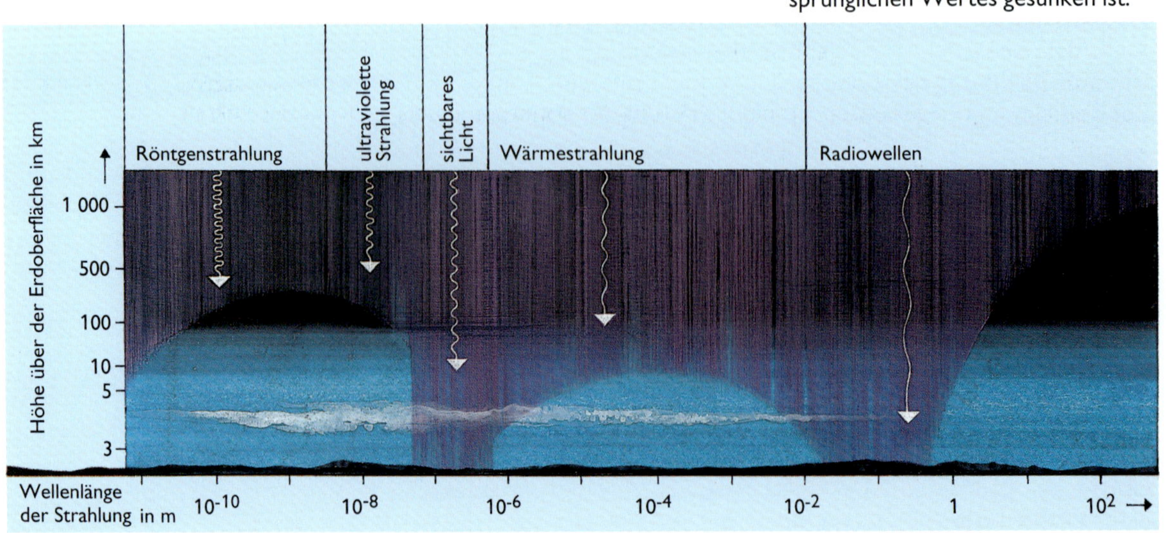

Bild 66/1: Die von der Sonne ausgestrahlten elektromagnetischen Wellen werden von der Erdatmosphäre unterschiedlich stark absorbiert. Das Diagramm gibt an, in welcher Höhe über der Erdoberfläche die Stärke der Strahlung auf 1/3 des ursprünglichen Wertes gesunken ist.

Die elektromagnetischen Wellen werden in erheblichem Maße von der Erdatmosphäre absorbiert (Bild 66/1), deshalb können manche Wellenarten - z. B. Ultraviolett- und Röntgenstrahlung - nur mit Hilfe von Geräten in Höhenballons und Raumflugkörpern erforscht werden. Die Teilchen werden wegen ihrer elektrischen Ladungen durch das Erdmagnetfeld in die Polargebiete der Erde gelenkt.

Sonnenspektrum. Um die Mitte des 19. Jahrhunderts entwickelten der Chemiker ROBERT BUNSEN und der Physiker GUSTAV ROBERT KIRCHHOFF die **Spektralanalyse**; das ist die Untersuchung von Eigenschaften der Lichtquellen durch Zerlegung des Lichtes. Weißes Licht wird beim Durchgang durch ein Glasprisma oder ein optisches Gitter in unterschiedliche Farben zerlegt. Es entsteht ein farbiges Lichtband, ein Spektrum (Bild 67/1).

Bild 67/1: Das Sonnenspektrum enthält dunkle Absorptionslinien. Sie entstehen beim Durchgang des Lichtes durch die kühleren Bereiche der Photosphäre.

Wenn weißes Licht einer heißen Lichtquelle durch kühlere Gase hindurchtrifft, so entstehen in seinem Spektrum **dunkle Absorptionslinien**. Ihre Anzahl und Anordnung sind typisch für die chemische Zusammensetzung des durchstrahlten Gases. Deshalb ist es möglich, mit Hilfe der Spektralanalyse die **chemische Zusammensetzung der Photosphäre** zu bestimmen. Ihre Hauptbestandteile bilden Wasserstoff (73 %) und Helium (25 %).

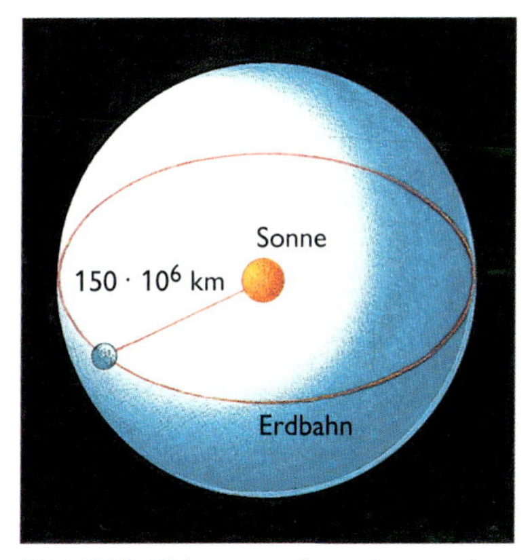

Bild 67/2: Skizze zur Berechnung der Sonnenleuchtkraft

Strahlungsleistung der Sonne. Eine Fläche von 1 m^2, die sich oberhalb der Erdatmosphäre befindet und auf die die Sonnenstrahlung senkrecht auftrifft, empfängt eine Strahlungsleistung von 1,36 kW.
Diese Größe $\boldsymbol{S = 1{,}36\ kW \cdot m^{-2}}$ heißt **Solarkonstante**.
Am Erdboden ist die empfangene Strahlungsleistung wegen der absorbierenden Wirkung der Atmosphäre deutlich geringer.
Zur Berechnung der gesamten Strahlungsleistung der Sonne denkt man sich eine Kugel, in deren Zentrum sich die Sonne befindet und an deren Innenfläche die Bahn der Erde verläuft (Bild 67/2). Jedem Quadratmeter dieser Innenfläche wird die gleiche Leistung, 1,36 kW, zugestrahlt. Da der Radius der Kugel bekannt ist (es ist der Abstand Sonne - Erde), kann die Innenfläche A berechnet werden. Die Gesamtstrahlungsleistung L der Sonne erhält man, indem man diese Fläche A mit der Solarkonstante S multipliziert:

$$\boldsymbol{L = A \cdot S}$$

Diese Gesamtstrahlungsleistung wird als **Leuchtkraft** bezeichnet, sie beträgt $3{,}8 \cdot 10^{23}$ kW. (Der Begriff Leuchtkraft ist historisch entstanden. Im physikalischen Sinne handelt es sich dabei jedoch nicht um eine Kraft, sondern - wie beschrieben - um eine Leistung.)

Neutrinos. Bei der Kernfusion im Zentralgebiet der Sonne entstehen neben anderen Elementarteilchen Neutrinos. Das sind elektrisch neutrale, vermutlich masselose Teilchen. Wegen ihrer extrem geringen Wechselwirkung mit anderen Teilchen verlassen sie - im Unterschied zu der Strahlungsenergie, die für lange Zeit im Sonneninneren herumirrt - die Sonne sofort und breiten sich geradlinig im Weltraum aus. Neutrinos lassen sich nur unter größten Schwierigkeiten nachweisen. Der berechnete Neutrinostrom in Erdnähe beträgt $6{,}5 \cdot 10^{14}$ Neutrinos je Quadratmeter und Sekunde. Bisher konnte jedoch dieser Wert durch Messungen nicht bestätigt werden.

Sonnenaktivität

Sonnenaktivität ist ein Sammelbegriff für die veränderlichen, relativ kurzlebigen Erscheinungen in begrenzten Gebieten auf der Sonne und in der Sonnenatmosphäre. Diese Erscheinungen werden durch Veränderungen im Magnetfeld der Sonne verursacht.

Erscheinungsformen der Sonnenaktivität. Am auffälligsten sind die **Sonnenflecke**, dunkle, unregelmäßige Gebilde unterschiedlicher Größen in der Photosphäre, die einige Tage oder Wochen bestehen bleiben - dabei auch ihre Form und Größe verändern - und schließlich wieder vergehen (Bild 68/1). Sonnenflecke sind die Stellen, an denen magnetische Feldlinien nahezu senkrecht aus der Photosphäre austreten. Da die Magnetfelder den Energiestrom aus der Wasserstoffkonvektionszone in die Photosphäre drosseln, ist die Temperatur in den Sonnenflecken stets niedriger als in der ungestörten Photosphäre. Der Unterschied beträgt etwa 2 000 K.
Sonnenflecke können in Ausnahmefällen Durchmesser von 200 000 km erreichen. Dann sind sie bei tiefstehender Sonne auch mit dem bloßen, durch ein dunkles Glas geschützten Auge zu sehen.

Bild 68/1: Große Sonnenfleckengruppe. Zum Vergleich ist im gleichen Maßstab die Erde eingezeichnet.

Bei der Beobachtung der Sonne mit dem Fernrohr zeigen sich vor allem am Sonnenrand fadenförmige helle Gebilde, die **Fackeln**. Sie stehen meist mit Sonnenflecken in Verbindung und treten oft als deren Vorboten auf. Fackeln erscheinen heller als ihre Umgebung, weil in ihnen die Temperatur der Chromosphäre etwa 1 000 K über dem Normalwert liegt.

Die Wirkungen der Magnetfelder reichen bis weit über die Chromosphäre hinaus. Wenn sich Materie entlang der Feldlinien konzentriert, so entstehen leuchtende bogen- oder brückenartige Strukturen, die bei totalen Sonnenfinsternissen oder mit speziellen Lichtfiltern im Fernrohr gegen den dunklen Himmelshintergrund gut zu sehen sind (Bild 69/1). Sie heißen **Protuberanzen**. Protuberanzen können tagelang nahezu unverändert bestehen und sich dann allmählich auflösen. Es kommt aber auch vor, daß sie in ein aktives Stadium übergehen und sich in aufwärts- oder abwärtsgerichtete Gasströme verwandeln.

Ausdruck des höchsten Stadiums in der Entwicklung eines aktiven Gebietes auf der Sonne ist das Auftreten einer **chromosphärischen Eruption**. Dabei wird Materie mit Geschwindigkeiten bis zu 300 km · s^{-1} ausgestoßen, und es treten explosionsartige Energieausbrüche in Form elektromagnetischer Wellen aller Wellenbereiche, mechanischer Druckwellen und Teilchenstrahlung auf. Stets sind Magnetfelder die Ausgangsorte dieser Ereignisse, die bis in den erdnahen Weltraum wirken.

Auch die Form der **Korona** ist nicht immer gleich. Zu Zeiten geringer Sonnenaktivität ist die Korona in der Nähe des Sonnenäquators weit ausgedehnt, während über den Polargebieten der Sonne nur kurze Strahlenbündel zu sehen sind.

Wenn die Sonnenaktivität jedoch sehr hoch ist, zeigt die Korona ein mehr kugelsymmetrisches Aussehen (Bild 69/2).

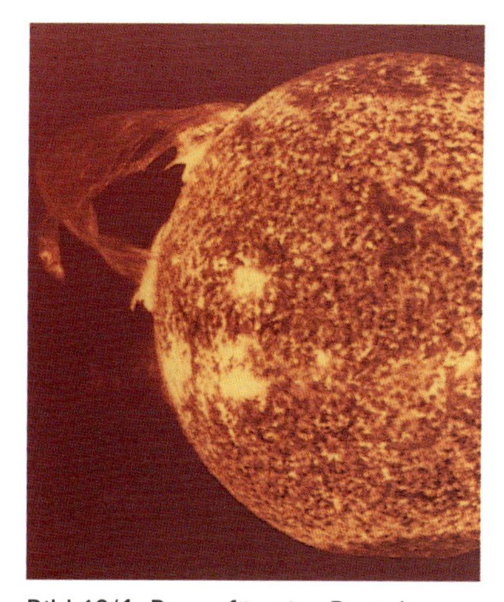

Bild 69/1: Bogenförmige Protuberanz, deren Struktur die magnetischen Feldlinien nachbildet

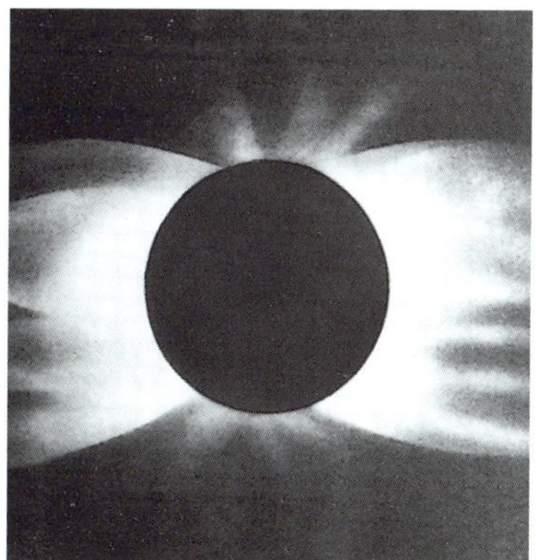

Bild 69/2: Die Sonnenkorona; oben bei hoher Sonnenaktivität, unten im Aktivitätsminimum. Beide Aufnahmen wurden bei totalen Sonnenfinsternissen gewonnen.

Periode der Sonnenaktivität. Die Häufigkeit, mit der die Erscheinungen der Sonnenaktivität auftreten, schwankt mit einer Periode von rund 11 Jahren. Betrachtet man jedoch die Polarität der beteiligten Magnetfelder, so verdoppelt sich dieser Wert. Nach jeweils 11 Jahren ist zwar die maximale Häufigkeit der Sonnenflecke, Fackeln, Protuberanzen und Eruptionen wieder erreicht, aber die dabei auftretenden Magnetfelder haben gegenüber dem vorhergehenden Maximum die umgekehrte Polarität. Erst nach 22 Jahren ist der Ausgangszustand wieder erreicht. Die 11jährige Häufigkeitsperiode wird recht genau eingehalten. Abweichungen bis zu einem Jahr kommen gelegentlich vor, gleichen sich aber wieder aus. Maxima der Sonnenaktivität gab es 1969, 1980 und 1990/91, Minima 1964, 1976 und 1986. Die Maximalaktivität (z. B. gemessen an der Zahl der auftretenden Sonnenflecken) ist nicht immer gleich hoch. 1990/91 war ein sehr hohes Maximum.

Wirkungen der Sonne auf die Erde

Energie und Leistung. Die Erde empfängt von der Sonne eine Leistung von 1,74 · 10^{14} kW. Davon wird ein Anteil von etwa 10^{12} kW in kinetische Energie der Atmosphäre (Wind) umgesetzt.

Die weltweit durch technische und biologische Prozesse umgesetzte Strahlungsleistung von der Sonne beträgt etwa 10^{10} kW.

Gravitation. Infolge der zwischen Sonne und Erde wirkenden Gravitationskraft beschreibt die Erde eine fast kreisförmige Bahn um die Sonne. Dadurch ist eine annähernd gleichmäßige Energiezufuhr für die Erde gewährleistet.

Wirkungen der Sonnenaktivität. Die Sonnenaktivität ist nicht auf die auf der Sonne beobachtbaren Erscheinungen, wie z. B. die Sonnenflecke, beschränkt. Sie ist auch auf der Erde nachweisbar. Starke Eruptionen sind Quellen intensiver Ströme von Sonnenwind-Teilchen. Wenn diese in die Nähe der Erde gelangen, so verändern sie für einige Stunden oder sogar für einige Tage die Richtung und die Stärke des irdischen Magnetfeldes. Solche Änderungen heißen **magnetische Stürme**; sie können durch Induktion in elektrischen Leitungen an der Erdoberfläche, z. B. in Telefonleitungen, störende elektrische Spannungen verursachen. Die Teilchen des Sonnenwindes benötigen - anders als das Licht - einige Tage für den Weg von der Sonne zur Erde. So können gesundheitlich labile Personen, die auf elektrische und magnetische Felder sensibel reagieren, gewarnt werden.
Sonnenwind-Teilchen, die mit Molekülen und Atomen der Erdatmosphäre zusammenstoßen, erzeugen in Höhen zwischen 100 km und 300 km über der Erdoberfläche Lichterscheinungen, die als **Polarlichter** (Bild 70/1) bezeichnet werden. Polarlichter treten bevorzugt in ringförmigen Zonen um die Magnetpole der Erde auf.
Auch manche Störungen des Radio- und Funkverkehrs, vor allem im Kurzwellenbereich, haben ihre Ursache in der Sonnenaktivität.
Welche Wirkungen magnetische Stürme und andere Erscheinungen der Sonnenaktivität auf lebende Organismen ausüben und warum das geschieht, ist noch weitgehend unbekannt.
Die Jahresringe vieler Baumarten zeigen eine ausgeprägte 11jährige Periode, da in Zeiten hoher Sonnenaktivität das Dickenwachstum dieser Bäume beschleunigt verläuft. Die Ursachen dafür sind unbekannt.
Auch bei der Häufigkeit von Herz-Kreislauf-Krankheiten oder bestimmten Blutplasma-Reaktionen werden Beziehungen zur Sonnenaktivität vermutet. In diesen Fällen sind aber nicht nur die Wirkungsmechanismen unbekannt, auch die langfristige statistische Absicherung ist noch nicht gegeben.

Bild 70/1: Polarlicht

AUFGABEN

1. Welche Zeit benötigt das Licht, um die Strecke Sonne - Erde zurückzulegen?
2. Der scheinbare Sonnendurchmesser ist der Winkel, unter dem ein Beobachter auf der Erde den Sonnendurchmesser sieht. Wie groß ist dieser Winkel?

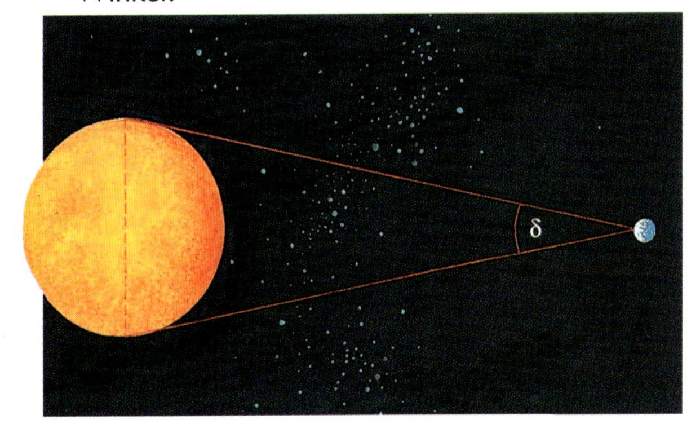

3. Wie groß ist das Volumen der Sonne? Vergleichen Sie es mit dem Volumen der Erde!
4. Wie schwer wäre ein Körper mit der Masse m = 60 kg an der Sonnenoberfläche (Photosphäre)?
5. Wieviel Prozent ihrer Masse verliert die Sonne jährlich durch den Sonnenwind?
6. Wieviel Prozent ihrer Masse hat die Sonne durch die Kernfusion seit ihrer Entstehung vor $4{,}6 \cdot 10^9$ Jahren verloren?
7. Wie groß ist die Innenfläche einer gedachten Kugel mit dem Radius r = 1 AE und der Sonne im Mittelpunkt?
8. Wie groß ist die Solarkonstante auf dem Planeten Mars?
9. Bestätigen Sie rechnerisch, daß die von der Sonne der Erde zugestrahlte Leistung $1{,}74 \cdot 10^{14}$ kW beträgt!
10. Vergleichen Sie die Photosphärentemperatur der Sonne mit den Schmelz- und Siedetemperaturen einiger Metalle!
11. Wie lange sind Protonen aus der Teilchenstrahlung der Sonne zur Erde unterwegs, wenn ihre Geschwindigkeit 400 km $\cdot$ s^{-1} beträgt?

ZUSAMMENFASSUNG

Sonne	ein Stern; eine selbstleuchtende Gaskugel großer Masse und hoher Temperatur, die zu 3/4 aus Wasserstoff besteht
Aufbau der Sonne	Zentralgebiet, Strahlungstransportgebiet, Wasserstoffkonvektionszone
Aufbau der Sonnenatmosphäre	Photosphäre, Chromosphäre, Korona
Temperatur der Sonne	Photosphäre: 6 000 K, Zentrum: $15 \cdot 10^6$ K
Radius der Sonne	700 000 km 109 Erdradien
Masse der Sonne	$2 \cdot 10^{30}$ kg 330 000 Erdmassen
Sonnenaktivität	Gesamtheit aller Sonnenflecke, Fackeln, Eruptionen, Protuberanzen; alle 11 Jahre gehäuft auftretend
Sonnenstrahlung	besteht aus elektromagnetischen Wellen und geladenen Teilchen; von der Erdatmosphäre unterschiedlich absorbiert Die Zerlegung des Sonnenlichtes ergibt ein farbiges Lichtband (Spektrum) mit Absorptionslinien.
Leuchtkraft der Sonne	Strahlungsleistung der Sonne $L = 3{,}8 \cdot 10^{23}$ kW
Wirkungen der Sonnenstrahlung auf die Erde	Licht, Wärme, Polarlichter, magnetische Stürme, Störungen des Funkverkehrs
Sonnenenergie	durch Kernfusion freigesetzt: H $\rightarrow$ He + Energie

Sterne

Dieses Bild ist eine Infrarotaufnahme von dem Sternsystem, dem auch die Sonne angehört. Etwa 200 Milliarden Sterne sind darin vereinigt. Sterne haben auch der Astronomie ihren Namen gegeben: Astron (griechisch: der Stern) und Nomos (griechisch: das Gesetz). Der Name macht deutlich, was diese Wissenschaft anstrebt: Die Gesetze aufzudecken, denen die Sterne unterworfen sind.

Helligkeiten und Entfernungen

Scheinbare Helligkeiten. Alle Sterne sind selbstleuchtende Gaskugeln wie die Sonne. Sie sind jedoch - die Sonne ausgenommen - so weit von der Erde entfernt, daß ihre Kugelgestalt nicht wahrgenommen werden kann. (Die flächenhaften Bilder der Sterne auf fotografischen Himmelsaufnahmen entstehen durch die Eigenschaften der Aufnahmeoptik und der lichtempfindlichen Schicht des Films.)
Bei jeder Beobachtung des Sternhimmels stellen wir fest: Wir sehen die Sterne an der Himmelskugel unterschiedlich hell; sie besitzen unterschiedliche scheinbare Helligkeiten.

Die scheinbare Helligkeit *m* eines Sterns gibt an, wie intensiv die vom Stern zum Beobachter gelangende Strahlung ist.

Sie hängt vor allem von der Leuchtkraft des Sterns und von dessen Entfernung von der Erde ab. Aber auch lichtabsorbierende Stoffe (Gas- und Staubwolken) im Weltraum und in der Erdatmosphäre beeinflussen (vermindern) die scheinbare Helligkeit.
Um die scheinbaren Helligkeiten unterschiedlicher Sterne miteinander zu vergleichen, wird seit dem Altertum die Einheit **Größenklasse** verwendet. Oft bezeichnet man sie auch abgekürzt als Größe (lateinisch: magnitudo) des Sterns. Mit dem Durchmesser des betreffenden Sterns hat das aber nichts zu tun. Ursprünglich gab es nur sechs Größenklassen. Die hellsten Sterne nannte man Sterne erster Größe (Schreibweise: 1^m); die schwächsten Sterne, die gerade noch mit dem bloßen Auge sichtbar sind, wurden zur 6. Größe (6^m) gezählt.

Da man mit leistungsfähigen Fernrohren auch schwächere Sterne als 6^m beobachten kann, wurde die Helligkeitsskala auch auf größere Werte ausgedehnt. Außerdem stellte sich heraus, daß die Astronomen des Altertums in der 1. Größenklasse Sterne mit unterschiedlichen scheinbaren Helligkeiten zusammengefaßt hatten. So kam es zur Festlegung der Größenklassen 0, -1, -2 usw. Für genauere Angaben werden dezimale Zwischenwerte benutzt (Bild 73/1).

Beispiele für scheinbare Helligkeiten

Sterne		Planeten	
Name	scheinbare Helligkeit	Name	scheinbare Helligkeit
Sirius	$-1{,}43^m$	Venus	$-4{,}4^m$ bis $-3{,}3^m$
Deneb	$1{,}26^m$	Mars	$-3{,}1^m$ bis $+2{,}0^m$
Polarstern	$2{,}01^m$	Jupiter	$-2{,}7^m$ bis $-1{,}2^m$

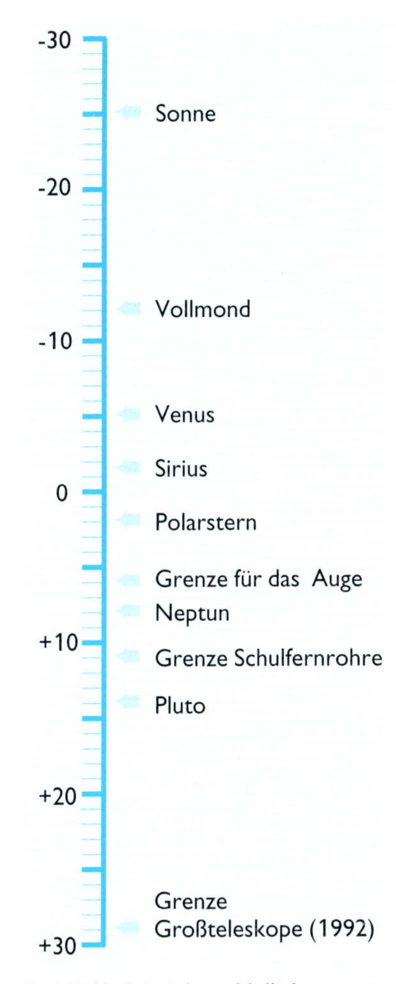

Bild 73/1: Scheinbare Helligkeiten einiger astronomischer Objekte

Kleinen Zahlenwerten der in Größenklassen angegebenen scheinbaren Helligkeit entsprechen also große Helligkeiten und umgekehrt. Einer Helligkeitsdifferenz von 2,5 Größenklassen entspricht ein Verhältnis der Strahlungsintensitäten von 10 : 1.
Die in der Astronomie verwendeten Strahlungsempfänger registrieren die scheinbaren Helligkeiten in Abhängigkeit von der Lichtwellenlänge unterschiedlich. (Auch das menschliche Auge empfindet die Helligkeit einer Strahlung unterschiedlich stark, je nachdem, in welcher Farbe es die Strahlung wahrnimmt. Am empfindlichsten ist es für grünes Licht.)
Daher muß bei genauen Messungen scheinbarer Helligkeiten stets angegeben werden, mit welcher Art Strahlungsempfänger die Ergebnisse gewonnen wurden:

- **visuelle Helligkeiten** mit dem Auge oder einem Strahlungsempfänger, der den gleichen Empfindlichkeitsbereich wie das menschliche Auge hat;
- **fotografische Helligkeiten** mit fotografischen Aufnahmetechniken (die meisten fotografischen Schichten sind im blauen Spektralbereich empfindlicher als im roten).

Die Bestimmungen der scheinbaren Helligkeiten der Sterne erfolgt meist durch Auswertung fotografischer Himmelsaufnahmen oder dadurch, daß man das Sternlicht auf einen an das Fernrohr angeschlossenen lichtelektrischen Strahlungsempfänger richtet.

Entfernungen. Bei relativ nahen Sternen wird die Entfernung mit Hilfe eines von der Erde aus meßbaren Winkels, der **Parallaxe p** des Sterns, ermittelt. Man beobachtet den Stern von zwei einander gegenüberliegenden Punkten der Erdbahn aus (z. B. im Sommer und im Winter). Dabei schließen die Blickrichtungen zum Stern einen Winkel ein, der um so kleiner ist, je weiter der Stern von der Erde entfernt ist.

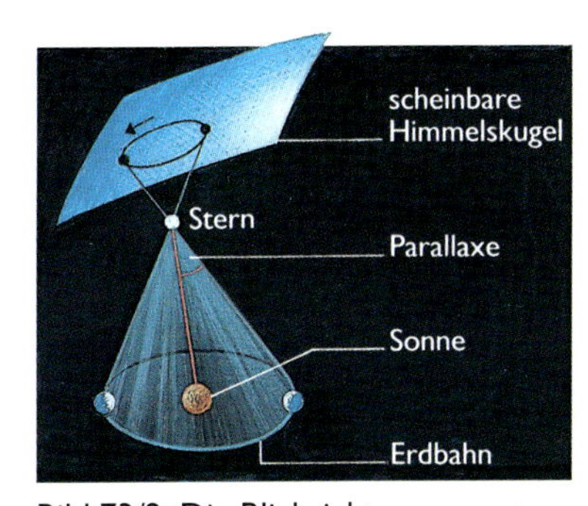

Bild 73/2: Die Blickrichtungen von zwei gegenüberliegenden Punkten der Erdbahn zum Stern schließen einen Winkel ein. Er kann aus der scheinbaren Verschiebung des Sterns an der Himmelskugel - Widerspiegelung der Umlaufbewegung der Erde um die Sonne - ermittelt werden.

Die Parallaxe p ist der halbe Winkel zwischen den Blickrichtungen von zwei gegenüberliegenden Punkten der Erdbahn zum Stern.

Die Parallaxe ist außerordentlich klein; angegeben wird sie meist in Winkelsekunden (1" = 1/3600°).
Während die Erde ihre jährliche Bahn um die Sonne vollzieht, hat es für den auf der Erde befindlichen Beobachter den Anschein, als ob die relativ nahen Sterne sich im gleichen Rhythmus gegen den Himmelshintergrund verschieben. Wenn sich ein Stern senkrecht über der Erdbahnebene befindet, so ist die Verschiebungsfigur ein genaues Abbild der Erdbahn; bei Sternen in anderen Stellungen beobachtet man eine mehr oder weniger gestreckte Ellipse. Deren große Achse erscheint an der Himmelskugel unter dem Winkel $2p$.

Aus der Parallaxe eines Sterns läßt sich dessen Entfernung r von der Sonne berechnen: $r = 1/p$.

Wird p in Winkelsekunden eingesetzt, so erhält man die Entfernung in der Längeneinheit **Parsec (pc)**. Ein Parsec ist die Entfernung, in der die Parallaxe eine Winkelsekunde beträgt. **1 pc = $3{,}1 \cdot 10^{13}$ km.**
Der Stern mit der größten Parallaxe trägt den Namen Proxima Centauri. Er befindet sich im Sternbild Centaurus auf der südlichen Himmelshalbkugel. Seine Parallaxe beträgt 0,77". Folglich ist Proxima Centauri 1/0,77 pc = 1,3 pc von der Sonne entfernt.
Eine andere Entfernungseinheit ist das **Lichtjahr (Lj)**; das ist die Strecke, die das Licht im Verlaufe eines Jahres zurücklegt.

1 pc = 3,26 Lj; 1 Lj = $9{,}5 \cdot 10^{12}$ km.

Die ersten Parallaxenmessungen wurden im Jahre 1838 u. a. von dem deutschen Astronomen FRIEDRICH WILHELM BESSEL durchgeführt. Damit war es erstmals möglich, kosmische Entfernungen über das Planetensystem hinaus zu messen und nachzuweisen, daß die Sterne unterschiedlich weit von der Erde entfernt sind. Außerdem war der Nachweis der Sternparallaxen der (bis dahin noch ausstehende) schlüssige Beweis für die Richtigkeit des heliozentrischen Weltbildes. Mit der Parallaxenmethode sind Sternentfernungen bis zu 100 pc meßbar. Für weiter entfernte Sterne wird die Entfernung aus den Leuchtkräften und den scheinbaren Helligkeiten dieser Sterne ermittelt.

Absolute Helligkeiten. Wenn alle Sterne gleich weit von der Erde entfernt wären, könnte man aus ihren scheinbaren Helligkeiten unmittelbar ihre Leuchtkräfte (Strahlungsleistungen) ermitteln. Um die Sterne unabhängig von ihren Entfernungen auch hinsichtlich ihrer Leuchtkräfte miteinander vergleichen zu können, wurde die absolute Helligkeit M (gemessen in Größenklassen) eingeführt.

Die absolute Helligkeit M eines Sterns ist die Helligkeit, in der uns dieser Stern erscheinen würde, wenn seine Entfernung gleich 10 Parsec wäre. Sie ist ein Maß für die Leuchtkraft dieses Sterns.

Die absolute Helligkeit der Sonne beträgt $M = 4{,}8^{m}$. Kennt man die absolute Helligkeit M und die scheinbare Helligkeit m eines Sterns, so kann man daraus seine Entfernung r berechnen.
Zwischen den drei Größen besteht der Zusammenhang:

$$m - M = 5 \cdot \lg r - 5$$

Dabei sind M und m in Größenklassen, r in pc einzusetzen.

Viele Eigenschaften der Sterne können ermittelt werden, indem man das Spektrum des Sternlichtes untersucht. Eine dieser Eigenschaften ist die chemische Zusammensetzung der Sternatmosphären. Die Sternspektren enthalten bis auf wenige Ausnahmen Absorptionslinien, wie sie auch im Spektrum der Sonne auftreten. Die Spektren der einzelnen Sterne unterscheiden sich aber auch darin, welche Farbe des kontinuierlichen Untergrundes am intensivsten ist, außerdem in der Anzahl, der Anordnung, der Intensität und der Breite der Absorptionslinien.

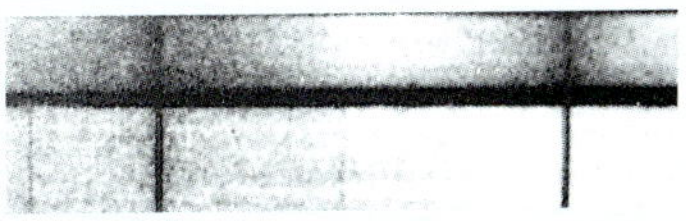

Bild 75/1: Ausschnitte aus den Spektren zweier Sterne. Das obere Spektrum stammt von einem Stern mit geringer Leuchtkraft, das untere von einem sehr leuchtkräftigen Stern. Die verwaschenen, unscharfen Wasserstofflinien im oberen Spektrum unterscheiden sich deutlich von den scharfen Linien des unteren Spektrums.

Die Leuchtkraft eines Sterns läßt sich aus dem Verhältnis der Breiten bestimmter Absorptionslinien bestimmen.

Schmale (scharfe) Linien weisen auf hohe Leuchtkraft, breite (verwaschene) Linien auf niedrige Leuchtkraft hin (Bild 75/1).
Wenn die Entfernung eines Sterns - z. B. durch die Messung seiner Parallaxe - bekannt ist, kann daraus und aus der ebenfalls meßbaren scheinbaren Helligkeit die absolute Helligkeit und daraus die Leuchtkraft dieses Sterns ermittelt werden. Umgekehrt ist es aber auch möglich, aus dem Spektrum die Leuchtkraft des Sterns zu bestimmen, daraus die absolute Helligkeit zu berechnen und aus dieser Größe und der beobachteten scheinbaren Helligkeit die Entfernung dieses Sterns zu ermitteln.
Die Leuchtkräfte der Sterne streuen in einem sehr weiten Bereich; sie reichen von 10^{-5} bis zu 10^{5} Sonnenleuchtkräften.

Farben und Photosphärentemperaturen. Bei Beobachtungen heller Sterne ist zu erkennen, daß manche Sterne gelblich, andere bläulich und manche auch rötlich leuchten. Im Licht eines Sterns mit hoher Photosphärentemperatur überwiegt der blaue Anteil, im Licht eines Sterns mit niedrigerer Temperatur der rote.

Die Farbe des Sternlichtes hängt von der Photosphärentemperatur des betreffenden Sterns ab.

Bild 75/2: Typische Sternspektren

Spektralklasse	Stern	Spektrum	Farbe des Sternlichtes	Photospärentemperatur
B	Spica		bläulich	25 000 K
A	Sirius	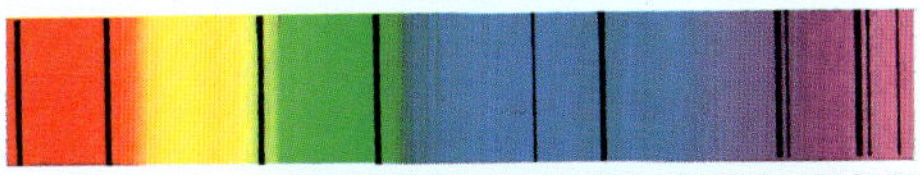	weiß	10 000 K
F	Prokyon	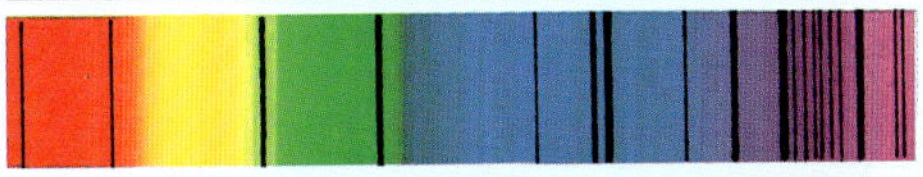	gelbweiß	7 000 K
G	Sonne		gelblich	6 000 K
K	Arktur	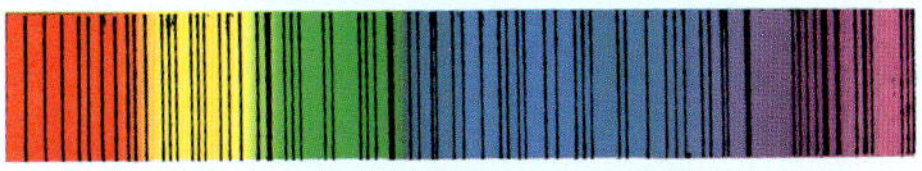	rötlichgelb	4 700 K
M	Beteigeuze		rötlich	3 300 K

Da das Farbempfinden des menschlichen Auges bei geringen Helligkeiten nur sehr schwach ausgeprägt ist, kann man durch direkte Beobachtung solche Farbunterschiede nur bei den hellsten Sternen feststellen.
In der Praxis bestimmt man die Sternfarbe (und damit die Photosphärentemperatur) meist durch eine **Mehrfarbenphotometrie**, d. h. durch mehrfache Helligkeitsmessungen in unterschiedlichen Farbbereichen. Bei der Messung der scheinbaren Helligkeit ergeben sich unterschiedliche Werte für denselben Stern, je nachdem, ob der verwendete Strahlungsempfänger für den kurzwelligen (blauen) oder den langwelligen (roten) Strahlungsbereich besonders empfindlich ist. Die Differenz beider Helligkeitswerte heißt **Farbenindex**, sie ist ein Maß für die Farbe des Sternlichtes.
Auch die Anzahl und die Anordnung der Absorptionslinien im Sternspektrum geben Aufschluß über die Photosphärentemperatur des betreffenden Sterns.

Die meisten Sterne haben Photosphärentemperaturen zwischen 2 500 K und 25 000 K.

Die im Sterninneren herrschenden Temperaturen sind nicht durch Messungen, sondern nur auf theoretischem Wege zu ermitteln.

Spektralklassen der Sterne. Nach dem Aussehen ihrer Spektren, insbesondere nach der Anordnung der auffälligsten Absorptionslinien, teilt man die Sterne in Spektralklassen ein, die mit Großbuchstaben bezeichnet werden.

Jede Spektralklasse definiert einen bestimmten Bereich der Photosphärentemperatur und eine bestimmte Farbe des Sternlichtes.

99 % aller Sterne werden den Spektralklassen B bis M zugeordnet. Sterne mit extrem hohen Photosphärentemperaturen gehören zu den Spektralklassen O und W.

Hertzsprung-Russell-Diagramm

Zusammenhang zwischen Photosphärentemperatur und Leuchtkraft. Wenn ein Stern eine hohe Leuchtkraft besitzt, so bedeutet dies nicht notwendigerweise, daß auch seine Photosphärentemperatur hoch sein muß.
Der Zusammenhang zwischen den Photosphärentemperaturen und den Leuchtkräften der Sterne ist Anfang des 20. Jahrhunderts von zwei Astronomen, dem Dänen EJNAR HERTZSPRUNG und dem Amerikaner HENRY NORRIS RUSSELL, untersucht worden.
Sie ermittelten für sehr viele Sterne die Spektralklassen und die absoluten Helligkeiten und trugen die gewonnenen Werte in ein Diagramm ein.
In diesem nach den beiden Forschern als **Hertzsprung-Russell-Diagramm** bezeichneten Schema ist jeder Stern durch einen Punkt symbolisiert (Bild 77/1). Diese Punkte häufen sich in bestimmten Bereichen des Diagramms, den Besetzungsgebieten. Andere Bereiche des Diagramms sind praktisch leer.

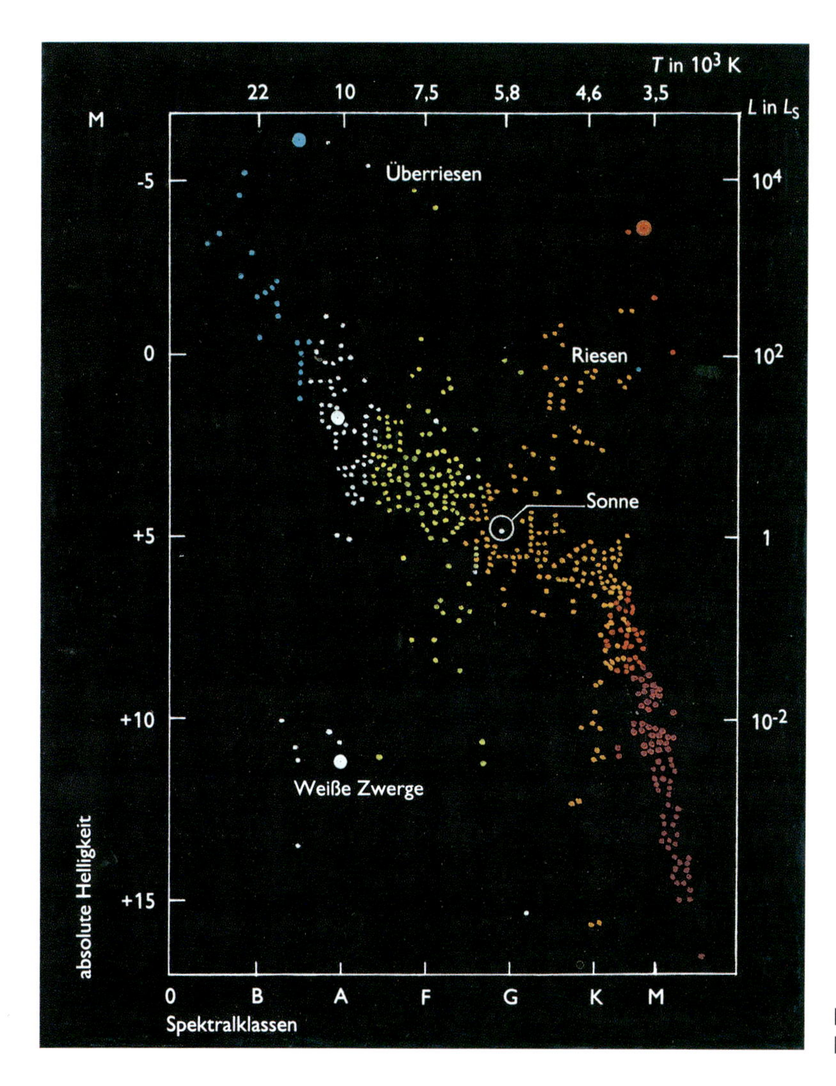

Bild 77/1: Hertzsprung-Russell-Diagramm

Da die Spektralklasse der Photosphärentemperatur und die absolute Helligkeit der Leuchtkraft äquivalent ist, stellt das Hertzsprung-Russell-Diagramm ein **Temperatur-Leuchtkraft-Diagramm** dar. Aus historischen Gründen wird es stets so gezeichnet, daß die Photosphärentemperatur von rechts nach links zunimmt; die Achsen des Diagramms sind nicht linear geteilt. Je weiter links sich der Diagrammpunkt eines Sterns befindet, desto heißer ist der Stern; je weiter oben er sich befindet, desto größer ist die Leuchtkraft des Sterns.

Hauptreihensterne. Der dicht mit Diagrammpunkten besetzte Streifen, der sich von links oben nach rechts unten durch das Hertzsprung-Russell-Diagramm zieht, ist die **Hauptreihe**. Im Vergleich zur Hauptreihe enthalten die anderen Besetzungsgebiete nur sehr wenige Diagrammpunkte, d. h., es gibt nur wenige Sterne mit den betreffenden Temperatur-Leuchtkraft-Kombinationen. Für die Hauptreihensterne gilt: Je höher die Photosphärentemperatur ist, desto größer ist auch die Leuchtkraft des betreffenden Sterns. Von den Sternen in der näheren Umgebung der Sonne gehören über 90 % der Hauptreihe an, davon entfallen die weitaus meisten auf die Spektralklasse M.

Riesensterne. Sterne, die größere Leuchtkräfte aufweisen als die Hauptreihensterne gleicher Photosphärentemperaturen, heißen Riesensterne. Da die Sterne bei gleichen Temperaturen auch die gleiche Strahlungsleistung pro Quadratmeter Photosphäre abgeben, kann die höhere Leuchtkraft eines Riesensterns nur durch eine größere Oberfläche dieses Sterns erklärt werden. Riesensterne tragen ihre Bezeichnung folglich zu Recht; ihre Radien sind erheblich größer als die der Hauptreihensterne mit gleichen Temperaturen. In der Sonnenumgebung sind weniger als 1 % aller Sterne Riesensterne.

Überriesensterne. Sterne, deren Leuchtkräfte - bei gleichen Photosphärentemperaturen - noch höher sind als die der Riesensterne, heißen Überriesensterne. Für sie gilt das zu den Riesen Gesagte in besonderem Maße. Überriesensterne sind sehr selten; sie können jedoch wegen ihrer großen Leuchtkräfte noch in außerordentlich großen Entfernungen beobachtet werden, in denen Riesen- und Hauptreihensterne nicht mehr beobachtbar sind.

Weiße Zwerge. Die Leuchtkräfte der Sterne, deren Diagrammpunkte sich im linken unteren Besetzungsgebiet des Hertzsprung-Russell-Diagramms befinden, betragen nur rund 1/10 000 der Leuchtkräfte von Hauptreihensternen gleicher Temperatur. Hier liegt der den Riesensternen entgegengesetzte Fall vor: Diese Sterne besitzen trotz relativ hoher Photosphärentemperaturen extrem geringe Leuchtkräfte. Ihre Oberflächen und damit ihre Radien müssen folglich sehr klein sein. Um den Diagrammpunkt eines Sterns in das Hertzsprung-Russell-Diagramm einzutragen, müssen die Photosphärentemperatur und die Leuchtkraft bekannt sein. Diese Größen lassen sich im Prinzip aus einer Beobachtung des Sternspektrums ermitteln: Aus Anzahl und Anordnung der Absorptionslinien erhält man eine Aussage über die Temperatur, aus der Schärfe der Linien ergibt sich die Leuchtkraft.

Weitere Angaben über die Sterne

Doppelsterne. Sternpaare, die am Himmel eng beieinanderstehen, heißen Doppelsterne (Bild 78/1). Als physische Doppelsterne bezeichnet man Sternpaare, die durch die Gravitationskraft aneinander gebunden sind. (Die optischen Doppelsterne, die nur scheinbar eng zusammen, in Wirklichkeit aber weit hintereinander im Raum angeordnet sind, sollen hier nicht betrachtet werden.)
Die beiden Sterne eines Doppelsterns müssen Bewegungen umeinander bzw. um einen gemeinsamen Schwerpunkt ausführen, damit sie nicht durch die Gravitationskraft zu einem einzigen Stern verschmolzen werden. Diese Umlaufbewegungen lassen sich an vielen Doppelsternen beobachten, allerdings nur mit großen Fernrohren und im Verlaufe langer Zeiträume. Die Umlaufzeiten liegen zwischen 1,7 Jahren und mehr als 10 000 Jahren.
Doppelsterne sind unter den Sternen in der Umgebung der Sonne sehr häufig. Es wird vermutet, daß mindestens die Hälfte, möglicherweise aber sogar drei Viertel aller Sterne zu Doppelsternen gehören. Auch Mehrfachsterne mit bis zu 6 gravitativ zusammengehörigen Sternen wurden beobachtet.

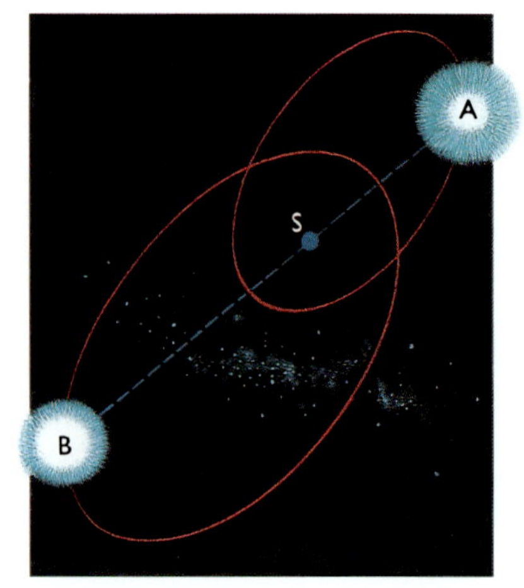

Bild 78/1: Doppelstern: Ein Sternpaar umläuft einen gemeinsamen Schwerpunkt.

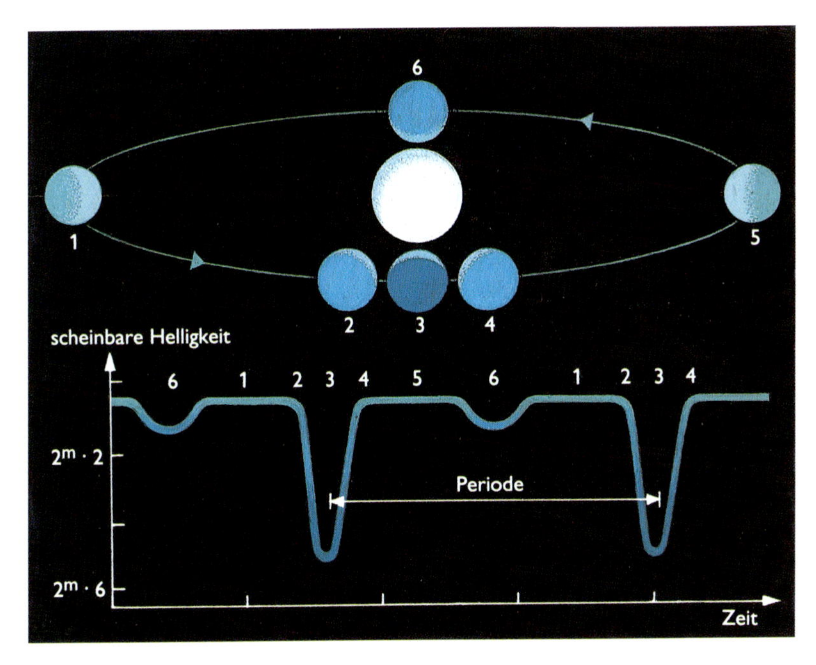

Bild 79/1: Bedeckungsveränderlicher. Oben: Anblick des Systems aus der Nähe. Der lichtschwächere umläuft den helleren Stern. Von der Erde aus kann man die beiden Sterne nicht getrennt sehen. Unten: Die dazu gehörige Helligkeit-Zeit-Kurve.

Nicht alle Doppelsterne lassen sich mit dem Fernrohr in zwei Einzelobjekte auflösen. Dennoch ist es oft möglich, einen Lichtpunkt am Himmel als Doppelstern zu identifizieren; z. B. aus periodischen Veränderungen im Spektrum oder aus periodischen Helligkeitsänderungen (Bedeckungsveränderliche, Bild 79/1).

Ein Bedeckungsveränderlicher ist ein Doppelstern, dessen Bewegungsebene in unserer Blickrichtung liegt. Dadurch verdecken sich die beiden Sterne, von der Erde aus gesehen, gegenseitig in regelmäßigen Zeitabständen. Da Bedeckungsveränderliche fast immer sehr enge Doppelsterne sind, erscheinen die beiden beteiligten Sterne in der Regel auch bei Beobachtung mit dem Fernrohr nur als ein einziger Stern.

Wenn der lichtschwächere Stern den helleren bedeckt, vermindert sich die scheinbare Helligkeit des Gesamtsystems stark; bei der Bedeckung des schwächeren durch den helleren Stern vermindert sie sich dagegen nur unwesentlich.

Radien der Sterne. Die Einordnung der Sterne in die Besetzungsgebiete im Hertzsprung-Russell-Diagramm bedeutet gleichzeitig eine - allerdings sehr ungenaue - Einordnung nach dem Sternradius. Damit wird es möglich, Aussagen über eine nicht direkt beobachtbare Größe zu machen.

Aus der periodischen Veränderung der Gesamthelligkeiten von Bedeckungsveränderlichen lassen sich unter bestimmten Voraussetzungen die Radien der beteiligten Sterne sehr genau ermitteln. Dabei zeigt sich, daß Sterne mit extrem großen Radien (Überriesensterne) sehr selten sind und daß innerhalb der Hauptreihe des Hertzsprung-Russell-Diagramms zwischen den Radien und den Leuchtkräften der Sterne ein Zusammenhang besteht: Je größer die Leuchtkraft ist, desto größer ist auch der Radius des Sterns. Von etwa 100 Bedeckungsveränderlichen sind genaue Sternradien bekannt; diese Sterne dienen in der Hauptreihe des Hertzsprung-Russell-Diagramms als Eichpunkte.

Radien von Sternen	
Überriesen	20 bis 750 Sonnenradien
Riesen	3 bis 40 Sonnenradien
Hauptreihensterne	0,5 bis 8 Sonnenradien
Weiße Zwerge	im Mittel 0,01 Sonnenradien

Massen der Sterne. Die einzige Wirkung, durch die sich die Masse eines Sterns bemerkbar macht, ist die Gravitationskraft. Sie kann bei Doppelsternen nachgewiesen werden. Aus der beobachtbaren Umlaufzeit T und der Entfernung r zwischen den beiden Sternen des Doppelsterns läßt sich die Summe der Massen m_1 und m_2 dieser Sterne berechnen:

$$m_1 + m_2 = \frac{r^3}{T^2} \ .$$

Setzt man r in Astronomischen Einheiten und T in Jahren ein, so ergibt sich die Massensumme $m_1 + m_2$ in Sonnenmassen. Genauere Untersuchungen der Bahnen der beiden Sterne liefern darüber hinaus die Massen auch einzeln.
Schreibt man die so bestimmten Massen der Sterne an die entsprechenden Diagrammpunkte im Hertzsprung-Russell-Diagramm, so erkennt man, daß die Sterne in der Hauptreihe entsprechend ihren Massen angeordnet sind (Bild 80/1): Je weiter oben im Diagramm sich der Diagrammpunkt eines Sterns befindet, um so größer ist die Masse dieses Sterns (Masse-Leuchtkraft-Beziehung der Hauptreihensterne).
Bei Riesen- und Überriesensternen ist keine solche Gesetzmäßigkeit vorhanden, sie haben kaum größere Massen als Hauptreihensterne. Die Massen der Sterne liegen zwischen 0,1 und 60 Sonnenmassen. Durch die Masse-Leuchtkraft-Beziehung ist es möglich, die Massen aller Hauptreihensterne zu bestimmen, sofern deren Leuchtkräfte bekannt sind (Bild 80/2).

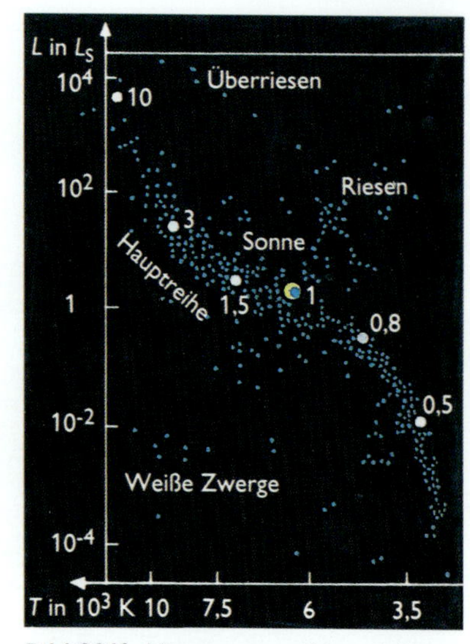

Bild 80/1: Hertzsprung-Russell-Diagramm. Für einige Sterne der Hauptreihe sind die Massen (in Sonnenmassen) eingetragen.

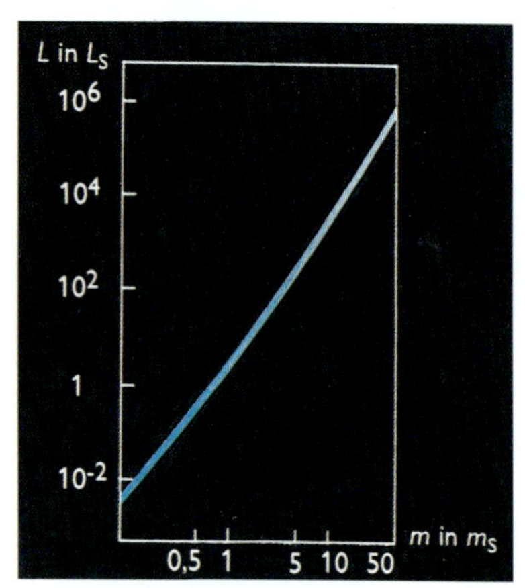

Bild 80/2: Masse-Leuchtkraft-Beziehung der Hauptreihensterne

Mittlere Dichten der Sterne. Alle Sterne sind Gaskugeln und werden durch die Gravitationskraft ihrer eigenen Masse zusammengehalten. Deshalb ist in ihren Zentralgebieten die Dichte sehr viel höher als in ihren oberflächennahen Bereichen. Für die Sonne gilt:

Dichte im Zentrum	$160 \text{ g} \cdot \text{cm}^{-3}$
Dichte in der Photosphäre	$3 \cdot 10^{-7} \text{ g} \cdot \text{cm}^{-3}$
mittlere Dichte	$1{,}41 \text{ g} \cdot \text{cm}^{-3}$

Die mittleren Dichten $\bar{\rho}$ der Sterne lassen sich aus ihren Massen m und ihren Radien R ermitteln:

$$\bar{\rho} = \frac{3m}{4\pi R^3}$$

Schreibt man zu jedem Diagrammpunkt eines Sterns im Hertzsprung-Russell-Diagramm die Masse und den Radius, so ergibt sich folgendes Bild: Entlang der Hauptreihe nehmen die Massen und die Radien der Sterne von links oben nach rechts unten ab. Demgegenüber steigen die mittleren Dichten der Sterne von rechts oben nach links unten. In entgegengesetzter Richtung wächst der Radius. Man kann also durch die Auswertung des Spektrums eines Sterns Kenntnis über dessen Temperatur und Leuchtkraft erhalten und, wenn es sich um einen Hauptreihenstern handelt, aus dem Ort des Diagrammpunktes auch Radius, Masse und mittlere Dichte annähernd bestimmen (Bild 81/1).
In den Weißen Zwergen sind die Atomkerne extrem dicht zusammengepreßt.

Mittlere Dichten der Sterne (gerundete Werte) in $\text{g} \cdot \text{cm}^{-3}$	
Überriesensterne	10^{-7}
Riesensterne	10^{-5} bis 10^{-2}
massereiche Hauptreihensterne	10^{-2}
massearme Hauptreihensterne	1 bis 3
Weiße Zwerge	10^6

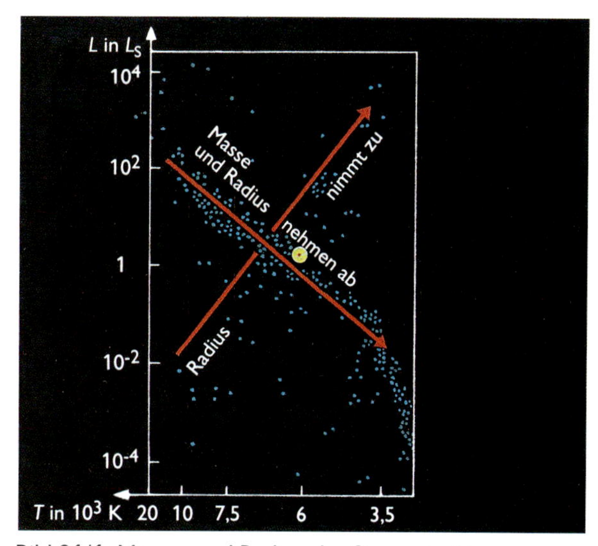

Bild 81/1: Massen und Radien der Sterne im Hertzsprung-Russell-Diagramm; Entstehung und Entwicklung der Sterne

Bild 81/2: Interstellare Gas-Staub-Wolke (*Orion-Nebel*). Sie besteht zu rund 99% aus Gas (vorwiegend Wasserstoff); 1% sind mikroskopisch kleine Staubteilchen.

Entstehung der Sterne. Sterne entstehen aus interstellarem Gas und Staub (interstellar: lateinisch, zwischen den Sternen befindlich). Die interstellaren Gas- und Staubmassen erfüllen, lockeren Wolken vergleichbar, viele Bereiche des Weltalls. Ihre Dichten sind außerordentlich gering; im Mittel betragen sie 10^{-20} g · cm^{-3}, das entspricht der Masse eines Atoms pro Kubikzentimeter. Die Wolken sind aber zumeist sehr weit ausgedehnt und umfassen deshalb, trotz der geringen Dichte, große Massen Gas und Staub (Bild 81/2).
Eine interstellare Wolke oder ein Teil von ihr kann sich, wenn die Masse der Wolke und damit die Gravitationskraft zwischen den Teilchen groß genug ist, zusammenziehen. Bei diesem Vorgang erhöht sich der Druck im Innern der Wolke, bis nach einigen Millionen Jahren dort so hohe Temperaturen und Dichten erreicht werden, daß die Energiefreisetzung durch Kernfusion einsetzt. Die Verdichtung kommt damit zum Stillstand, **aus der interstellaren Wolke ist ein Stern geworden**. Solche Prozesse finden im Weltall seit Milliarden von Jahren statt. Auch gegenwärtig entstehen auf diese Weise aus interstellarer Materie neue Sterne. Nicht alle interstellaren Wolken können jedoch zu Sternen werden. Zerstreuende Einflüsse, wie z. B. Wärmebewegung, Turbulenz, Fliehkräfte (bei rotierenden Wolken oder Wolkenteilen) oder magnetischer Druck sind in der Lage, eine beginnende Verdichtung wieder auseinanderzureißen. Nur wenn die Temperatur nicht zu hoch und die Anfangsdichte groß genug ist, kann die Wolke durch die Gravitationskraft hinreichend stark zusammengepreßt werden.
Für die entstehenden Sterne lassen sich entsprechende Punkte in das Hertzsprung-Russell-Diagramm eintragen. Mit zunehmender Verdichtung der Sterne ändern die Punkte ihren Ort im Diagramm (Bild 81/3). Deshalb ist die Ortsveränderung der Diagrammpunkte ein Ausdruck der Sternentwicklung. Wolken, deren Masse kleiner als 0,08 Sonnenmassen ist, heizen sich in ihren Zentralgebieten nicht genug auf; in ihnen findet keine Kernfusion statt. Solche Objekte kühlen aus, ohne daß aus ihnen Sterne, d. h. selbstleuchtende Himmelskörper, entstehen.

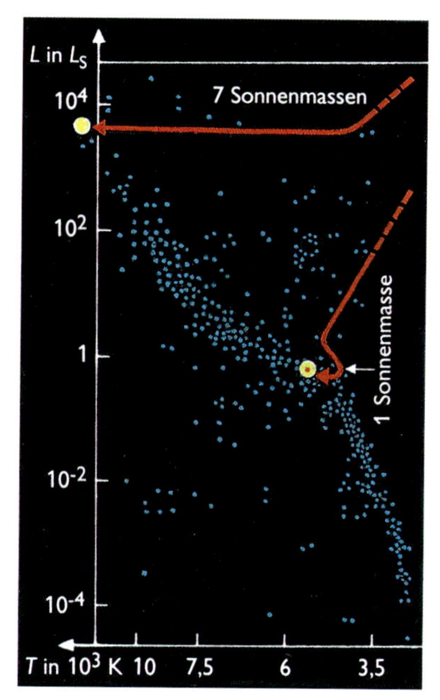

Bild 81/3: Während der Verdichtung verändert ein entstehender Stern seine Temperatur und seine Leuchtkraft und damit auch den Ort seines Diagrammpunktes im Hertzsprung-Russell-Diagramm relativ schnell.

Entwicklung der Sterne. Für einen sehr langen Zeitraum bleibt ein neu entstandener Stern ein Hauptreihenstern. In seinem Zentrum wird ständig Energie durch Kernfusion des Wasserstoffs freigesetzt, deshalb verringert sich dort allmählich der Wasserstoffvorrat und Helium wird immer stärker angereichert. Die freigesetzte Energie wird zur Photosphäre transportiert und von dort in den Weltraum abgestrahlt. Bei massereichen Sternen verläuft die Energiefreisetzung und -abstrahlung sehr intensiv, deshalb sind die Leuchtkräfte dieser Sterne sehr hoch, und der Wasserstoffvorrat in den Zentralgebieten dieser Sterne wird viel schneller verbraucht als bei massearmen Sternen (Bild 82/1).
In dieser Phase befindet sich der Stern in einem stabilen Gleichgewichtszustand zwischen Energiefreisetzung und -abstrahlung sowie zwischen der (nach innen wirkenden) Gravitationskraft und den (nach außen gerichteten) Gas- und Strahlungsdruckkräften. Wenn der Wasserstoffvorrat in der Zentralregion des Sterns verbraucht ist, verlagert sich die Kernfusion in eine Kugelschale um diese Zentralregion, die nunmehr weitgehend aus Helium besteht. Ist der Helium-Anteil auf rund 12 % der gesamten Sternmasse angestiegen, dann zieht sich dieses Zentralgebiet unter gleichzeitiger Temperaturerhöhung zusammen, die äußeren Schichten des Sterns dehnen sich hingegen aus. Damit vergrößert sich der Sternradius, es entsteht ein Riesenstern. Die Entwicklung eines Sterns vom Hauptreihen- zum Riesenstern hängt also eng mit der Freisetzung von Energie zusammen.

Dauer des Hauptreihenstadiums bei Sternen unterschiedlicher Massen

Sternmasse	Dauer des Hauptreihenstadiums
1 Sonnenmasse	10^{10} Jahre
10 Sonnenmassen	$8 \cdot 10^6$ Jahre

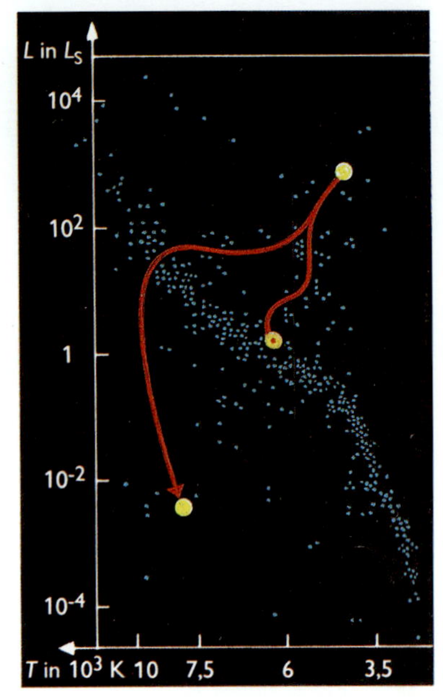

Bild 82/1: Entwicklung eines Sterns mit einer Sonnenmasse, dargestellt im Hertzsprung-Russell-Diagramm

Riesenstadium. Die Temperatur im Zentralgebiet eines Riesensterns beträgt etwa 10^8 K. Das ermöglicht den Ablauf weiterer Kernfusionsprozesse, bei denen sich aus Heliumkernen unter Energiefreisetzung schwerere Atomkerne (z. B. Kohlenstoff- und Sauerstoffkerne) bilden. Daneben verläuft, aber außerhalb des Sternzentrums in einer Kugelschale, die Verschmelzung von Wasserstoffkernen zu Heliumkernen weiter.
Das Riesenstadium eines Sterns dauert, verglichen mit dem Hauptreihenstadium, nur kurze Zeit. In der letzten Phase des Riesenstadiums werden viele Sterne instabil, ihre äußeren Schichten beginnen zu pulsieren. Radius, Leuchtkraft und Photosphärentemperatur ändern sich periodisch; ein Beobachter auf der Erde nimmt bei einem solchen Stern eine zeitlich veränderliche Helligkeit wahr **(veränderlicher Stern)**. Die Pulsation kann nach einiger Zeit wieder zur Ruhe kommen. Viele Sterne machen mehrere Pulsationsphasen durch, zwischen denen Zeitabschnitte ohne Pulsation liegen (Bild 82/2).

Bild 82/2: Die regelmäßigen Schwankungen der scheinbaren Helligkeit eines pulsierenden Sterns werden durch Schwankungen seiner Photosphärentemperatur und seines Radius verursacht.

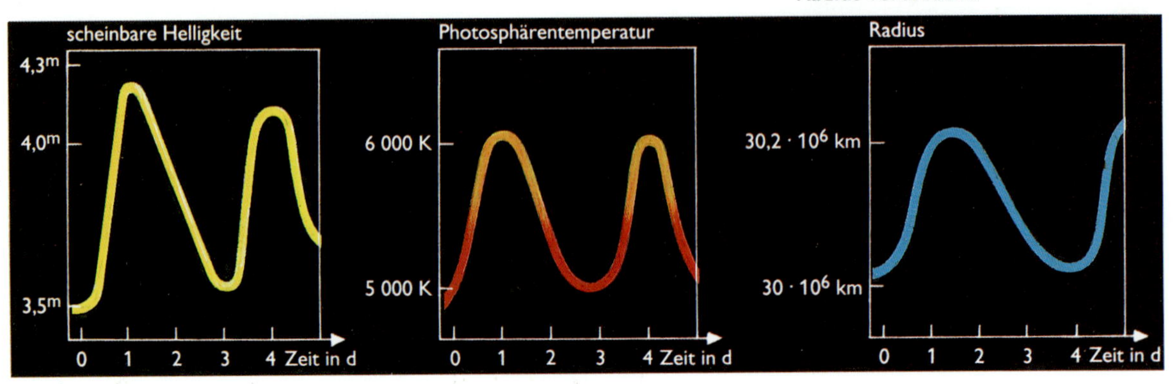

Spätstadien. Riesensterne verlieren wesentliche Teile ihrer äußeren Hüllen dadurch, daß dieses Gas in den Weltraum abströmt. Gleiches geschieht bei Überriesensternen; diese Sterne entwickeln dabei expandierende Schalen aus heißem Gas und Staub, deren Durchmesser mehrere Lichtjahre betragen können. Im Zentrum einer derartigen Schale befindet sich dann das ehemalige Zentralgebiet des Sterns in der Gestalt eines Weißen Zwerges.

Weiße Zwerge. Sie sind demzufolge das letzte Stadium in der Entwicklung eines Sterns. Sie besitzen keine Kernfusionsenergiequellen mehr und können sich wegen ihrer sehr hohen Dichte auch nicht weiter zusammenziehen. Sie kühlen langsam aus.
Die abgestoßenen Hüllen der Riesen- und Überriesensterne sind z. T. als „Planetarische Nebel" zu beobachten.
(Diese Bezeichnung geht auf einen historischen Irrtum zurück. Astronomen des 19. Jahrhunderts hielten diese regelmäßig geformten Nebelflecken für entstehende Planeten.)

Bild 83/1: Planetarischer Nebel (*Dumbbell-Nebel* oder *Hantel-Nebel*)

In manchen Fällen erfolgt die Abgabe von Materie am Ende des Riesenstadiums sehr viel dramatischer. Bei Doppelsternen können sich die beiden beteiligten Sterne so stark beeinflussen, daß einer dieser Sterne innerhalb kurzer Zeit hell aufleuchtet; dabei wird Materie abgestoßen. Von der Erde aus ist dann zu beobachten, daß ein vorher ganz unauffälliger Stern innerhalb weniger Stunden sehr hell wird. Ein solcher Stern heißt dann **Nova** (eigentlich Nova Stella; lateinisch: neuer Stern. Diese Bezeichnung ist ebenfalls nicht zutreffend und beruht auf einem historischen Irrtum. In Wahrheit handelt es sich um alte Sterne, deren Energiefreisetzung sich dem Ende nähert.)
Wenn die nach dem Riesenstadium verbleibende Sternmasse noch relativ groß ist, kann auch ein Einzelstern durch eine Explosion zerrissen werden. Dabei werden in kürzester Zeit Energiebeträge frei, für deren Freisetzung ein normaler Hauptreihenstern einige Millionen Jahre benötigt. Materie strömt mit hoher Geschwindigkeit nach außen und erhitzt das interstellare Gas der Umgebung, so daß intensive Röntgenstrahlung entsteht. Leichte und mittelschwere Atomkerne verschmelzen bei solchen Explosionen und bilden die Kerne schwerer Atome. Die Überreste solcher **Supernova-Ausbrüche** sind z. T. noch nach Jahrhunderten zu sehen (Bild 84/1).
Aus dem Zentralgebiet eines in einem Supernova-Ausbruch explodierten Sterns kann kein Weißer Zwerg entstehen, da seine Masse zu groß ist. Vielmehr bildet sich daraus ein **Neutronenstern**, da die Elektronen und die Atomkerne des Reststerns sich in Neutronen umwandeln. Neutronensterne haben charakteristische Durchmesser um 10 km und extrem hohe Dichten (10^{14} g · cm^{-3} bis 10^{15} g · cm^{-3}). In der Regel rotieren Neutronensterne sehr schnell und senden gebündelte Radiostrahlung aus.
Übersteigt die Masse des Supernova-Reststerns 2,7 Sonnenmassen, dann wird er wahrscheinlich durch die Gravitationskraft so sehr zusammengepreßt, daß seine Dichte über jedes Maß hinaus anwächst. Das Gravitationsfeld eines derartigen Gebildes ist so stark, daß es alle stoffliche Materie und alle Strahlung an sich bindet. Solche Reststerne heißen **Schwarze Löcher**.

Bild 84/1: Überrest einer Supernova-Explosion, die vor etwa 50 000 Jahren stattfand (*Schleier-Nebel*).

Sternentwicklung hat also immer mit der Veränderung der chemischen Zusammensetzung der Sterne zu tun. Viele Sterne sind darüber hinaus an einem Kreislauf der Materie beteiligt: Sterne großer Massen (über 3 Sonnenmassen) entwickeln sich vergleichsweise schnell und stoßen nach kurzer Zeit einen großen Teil ihrer Masse - und damit auch neu aufgebaute chemische Elemente; neben Helium u. a. Kohlenstoff - in den Weltraum ab. Aus dieser in den interstellaren Raum zurückgeführten Materie können sich dann neue Sterne bilden, die von Anfang an einen höheren Anteil schwerer Elemente enthalten als ihre Vorgänger. Die Sonne ist vermutlich ein Stern der 3. Generation, d. h., die in ihr konzentrierte Materie (und auch die Materie, aus der die übrigen Körper des Sonnensystems bestehen) hat bereits zweimal als Stern existiert. Sterne mit weniger als einer Sonnenmasse entwickeln sich dagegen so langsam, daß auch die ältesten von ihnen das Hauptreihenstadium noch nicht verlassen haben. Das in ihnen konzentrierte Gas wird also in absehbarer Zeit nicht am Kreislauf der Materie im Weltall teilnehmen können.

Die Entstehung des Sonnensystems. Nach heutiger Kenntnis bildeten sich die Sonne, die Planeten und die anderen Körper des Sonnensystems vor etwa $4{,}6 \cdot 10^9$ Jahren aus einer rotierenden, abgeplatteten Nebelmasse. Im Innenbereich, nahe der entstehenden Sonne, wurde diese Wolke stärker aufgeheizt als in den Außenregionen. Bei der nachfolgenden Abkühlung kondensierten schwerflüchtige Elemente und Verbindungen (z. B. Eisen, Silicate) im Innenbereich in Form von Tropfen und Körnern. Leichtflüchtige Verbindungen blieben nur in größerem Sonnenabstand in flüssigem und festem Zustand erhalten.
Bei Zusammenstößen solcher Kondensate verschmolzen kleinere Teilchen zu immer größeren Gebilden, die schließlich die Größe von Planeten erreichten. Wahrscheinlich hatten die sonnennahen Planeten zunächst viel größere Massen als gegenwärtig. Ihr gasförmiger Anteil wurde jedoch von der Teilchenstrahlung der Sonne weggeblasen, weil die festen Kerne dieser Körper zu geringe Massen hatten, um die ausgedehnten Atmosphären durch die Gravitationskraft an sich zu binden. In größeren Entfernungen von der Sonne blieben dagegen die Massen und die chemische Zusammensetzung der Planeten nahezu unverändert. Der weitaus überwiegende Teil dieser Massen (besonders bei Jupiter und Saturn) wird aus Sonnennebelgas gebildet.
Nach ihrer Entstehung heizten sich alle Planeten durch die Energiefreisetzung beim Zerfall radioaktiver Stoffe in ihrem Inneren stark auf. Dabei schmolzen die erdartigen Planeten teilweise und erstarrten danach wieder. Beim Erstarren bildeten sich an den Oberflächen die **Gesteinskrusten**. Der Aufprall fester Körper bewirkte unzählige Einschlagkrater. Sie sind beim Mond sowie bei Merkur und Mars noch heute gut erhalten; auf der Erde wurden sie durch geologische Prozesse und durch den Einfluß der Atmosphäre und des Wassers zerstört.
Beim Aufschmelzen der Planeten wurden Gase frei. Sie bildeten die **Uratmosphären** der erdartigen Planeten. Bei der Erde hat diese Uratmosphäre vermutlich zu 70 % aus Wasserdampf und zu etwa 15 % aus Kohlendioxid bestanden. Ein bedeutender Teil dieses Kohlendioxids wurde im Wasser und in Gesteinen gebunden. Die später entstehenden Lebewesen veränderten die Erdatmosphäre vor allem durch die Photosynthese.

AUFGABEN

1. Wie lange benötigt das Licht, um eine Strecke von 1 pc (4,3 pc; 15 pc) zurückzulegen?
2. Berechnen Sie die Entfernungen der folgenden Sterne in pc und in Lj!

Stern	Sternbild	Parallaxe
Atair	Adler	0,20 "
Sirius	Großer Hund	0,375 "
Mizar	Großer Bär	0,04 "

3. Mit Raketenantrieben heutiger Bauart kann ein Raumschiff eine Geschwindigkeit von rund 1/20 000 der Lichtgeschwindigkeit erreichen. Beurteilen Sie die realen Möglichkeiten eines „Fluges zu den Sternen"!
4. In welcher scheinbaren Helligkeit wäre die Sonne zu sehen, wenn sie sich in 10 pc Entfernung von der Erde befände?
5. Was ist über die scheinbare und die absolute Helligkeit eines Sterns zu sagen, der von der Erde genau 10 pc entfernt ist?
6. Berechnen Sie die Entfernung des Sterns Wega im Sternbild Leier! Von diesem Stern sind bekannt: $M = 0{,}6^{m}$, $m = 0{,}03^{m}$.
7. Ein Hauptreihenstern und ein Riesenstern haben jeweils die 100fache Leuchtkraft der Sonne. Wie groß sind ungefähr ihre Photosphärentemperaturen? Warum können diese Temperaturen nicht gleich sein?
8. Welche der in der folgenden Tabelle genannten Kombinationen von Photosphärentemperatur und Leuchtkraft sind in der Natur realisiert?

T (in K)	L (in L_S)
3 500	0,01
5 000	10 000
7 500	10
15 000	0,01
20 000	1

L_S: Sonnenleuchtkraft

9. Zeichnen Sie die in der folgenden Tabelle benannten Sterne in ein Hertzsprung-Russell-Diagramm ein und vergleichen Sie Radien, Massen und mittlere Dichten dieser Sterne mit den entsprechenden Größen für die Sonne!

Stern	T (in K)	L (in L_S)
Atair	8 000	10
Deneb	9 500	9 400
Wega	9 900	50

L_S: Sonnenleuchtkraft

10. Der Stern Aldebaran im Sternbild Stier besitzt eine Photosphärentemperatur von 3 600 K und eine Leuchtkraft vom Dreihundertfachen der Sonnenleuchtkraft.
Zeichnen Sie seinen Diagrammpunkt in ein Hertzsprung-Russell-Diagramm ein und ermitteln Sie, zu welchem Besetzungsgebiet er gehört!
11. Erklären Sie, warum ein Weißer Zwerg eine höhere Photosphärentemperatur als ein Hauptreihenstern gleicher Leuchtkraft hat!
12. Erklären Sie, warum ein Doppelstern nicht stabil wäre, wenn beide Sterne keine Umlaufbewegung ausführen würden!
13. Wie groß ist die Massensumme
$m = m_1 + m_2$
zweier zu einem Doppelstern vereinigter Sterne, für die bekannt ist:
$T = 1{,}7$ Jahre; $r = 1{,}8 \cdot 10^{8}$ km?
14. Weshalb läuft in den Sternen die Kernfusion nur bei sehr hohen Temperaturen und Dichten ab?
15. Während die Verschmelzung von Wasserstoffkernen zu Heliumkernen bei etwa 10^{7} K abläuft, setzt die Fusion von Heliumkernen zu schwereren Atomkernen eine etwa zehnmal höhere Temperatur voraus.
Begründen Sie diese Aussage!
16. Warum können die energieliefernden Prozesse im Inneren der Sterne nicht unbegrenzt lange ablaufen?
17. Vergleichen Sie den Radius eines Weißen Zwerges und den eines Neutronensterns mit dem Radius der Sonne und dem der Erde!
18. Charakterisieren Sie den heutigen Entwicklungsstand der Sonne und ihre voraussichtliche weitere Entwicklung mit Hilfe des Hertzsprung-Russell-Diagramms!

ZUSAMMENFASSUNG

Sterne	selbstleuchtende Gaskugeln großer Masse und hoher Temperatur; als Lichtpunkte unterschiedlicher scheinbarer Helligkeiten beobachtbar
Parallaxe	halber Winkel zwischen den Blickrichtungen von zwei gegenüberliegenden Punkten der Erdbahn zum Stern
scheinbare Helligkeit eines Sterns	gibt an, wie intensiv die vom Stern zum Beobachter gelangende Strahlung ist
absolute Helligkeit eines Sterns	entspricht der Leuchtkraft des Sterns
Entfernung eines Sterns	bestimmbar - aus der Parallaxe, - aus absoluter und scheinbarer Helligkeit
Leuchtkraft eines Sterns	Strahlungsleistung des Sterns; bestimmbar aus dem Sternspektrum
Photosphärentemperatur eines Sterns	bestimmbar aus dem Sternspektrum
Spektralklassen der Sterne	Einteilung der Sternspektren nach der Photosphärentemperatur
Hertzsprung-Russell-Diagramm	graphische Darstellung des Zusammenhangs zwischen Photosphärentemperatur und Leuchtkraft der Sterne
Doppelstern	Sternpaar, dessen beide Sterne einen gemeinsamen Schwerpunkt umlaufen und durch die Gravitationskraft aneinander gebunden sind
Bedeckungsveränderlicher	Doppelstern, dessen beide Sterne sich (von der Erde aus gesehen) gegenseitig periodisch bedecken
Radius eines Sterns	genähert bestimmbar aus der Lage seines Diagrammpunktes im Hertzsprung-Russell-Diagramm; genau bestimmbar bei Bedeckungsveränderlichen aus der Helligkeit-Zeit-Kurve
Masse eines Sterns	bei Doppelsternen bestimmbar aus der Bewegung, bei Hauptreihensternen aus dem Hertzsprung-Russell-Diagramm
Entstehung eines Sterns	durch Kontraktion einer interstellaren Gas-Staub-Wolke infolge der Gravitationskraft
Entwicklung eines Sterns	vom Hauptreihenstadium über das Riesenstadium zum Spätstadium (die meisten Sterne werden zu Weißen Zwergen)
Entstehung der Planeten	im Sonnennebel durch Verschmelzung gasförmiger, flüssiger und fester Bestandteile

Sternsysteme

Dem Amerikaner Edwin Powell Hubble gelang im Jahre 1929 eine der aufregendsten astronomischen Entdeckungen unseres Jahrhunderts: Alle Sternsysteme im Weltall bewegen sich wie die Trümmer eines detonierenden Sprengkörpers voneinander weg. Ist der ganze Kosmos einst explodiert?

Das Milchstraßensystem

Die Sterne sind im Weltall in großen Ansammlungen vereinigt, die als Sternsysteme (Galaxien) bezeichnet werden. Auch unsere Sonne gehört zu einem Sternsystem, das insgesamt etwa $2 \cdot 10^{11}$ Sterne umfaßt. Dieses Sternsystem ist das **Milchstraßensystem** (die Galaxis). In klaren, mondlosen Nächten, die nicht durch irdische Lichtquellen erhellt werden, kann man ein lichtschwaches, breites, schimmerndes Band mit unregelmäßigen Begrenzungen am Himmel sehen. Es ist die Milchstraße, der Innenanblick des Milchstraßensystems. Das Licht vieler ferner Sterne verschwimmt in ihr zu einem einzigen Lichteindruck. Mit großen Fernrohren läßt sich jedoch erkennen, daß die Milchstraße aus einer großen Zahl von einzelnen Sternen besteht.
Da sich das Sonnensystem (und damit auch unsere Beobachtungsbasis, die Erde) im Inneren des Milchstraßensystems befindet, ist es sehr schwierig, die Struktur und die Abmessungen des Milchstraßensystems zu ermitteln.

Bild 89/1: Fotomontage von verschiedenen Abschnitten der Milchstraße

Sternhaufen. Im Milchstraßensystem - wie auch in vielen anderen Sternsystemen - sind die Sterne teilweise in Sternhaufen konzentriert. Solche Anhäufungen von Sternen werden durch die Gravitationskraft zusammengehalten. Man unterscheidet **offene** und **kugelförmige** Sternhaufen. Offene Sternhaufen umfassen jeweils einige hundert relativ junge Sterne. Diese Sterne stehen 10- bis 100mal dichter beieinander als in der Umgebung der Sonne. Trotzdem ist bei vielen dieser Haufen die durch die Gravitationskraft bewirkte Bindung der Sterne aneinander nur gering. Offene Sternhaufen (Bild 89/3) lösen sich daher im Laufe der Zeit allmählich auf. Kugelförmige Sternhaufen sind sehr dicht und sternreich und bestehen aus sehr alten Sternen (Bild 89/2). In ihren Zentralgebieten stehen die Sterne bis zu 10 000mal dichter beieinander als in der Sonnenumgebung.
Als **Sternassoziationen** bezeichnet man lockere Gruppen von einigen hundert Sternen, die so weiträumig verteilt sind, daß man sie meist nicht als Sternhaufen am Himmel wahrnehmen kann. Ihre Zusammengehörigkeit ergibt sich jedoch aus ihren Spektren (die weitgehend übereinstimmen) und aus ihrer gemeinsamen Bewegung im Raum (Bild 89/4). Auch Sternassoziationen lösen sich infolge der geringen gravitativen Bindung allmählich auf.

Bild 89/2: Kugelförmiger Sternhaufen. In seinem Zentrum stehen die Sterne so dicht gedrängt, daß auch mit großen Beobachtungsinstrumenten keine Einzelsterne erkannt werden können.

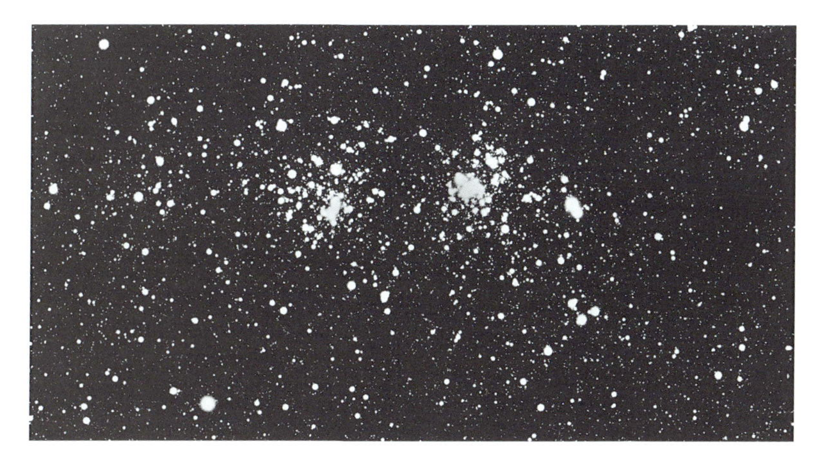

Bild 89/3: Zwei offene Sternhaufen im Sternbild Perseus.
Beide sind rund 7 000 Lichtjahre von der Erde entfernt; jeder umfaßt etwa 300 Sterne.

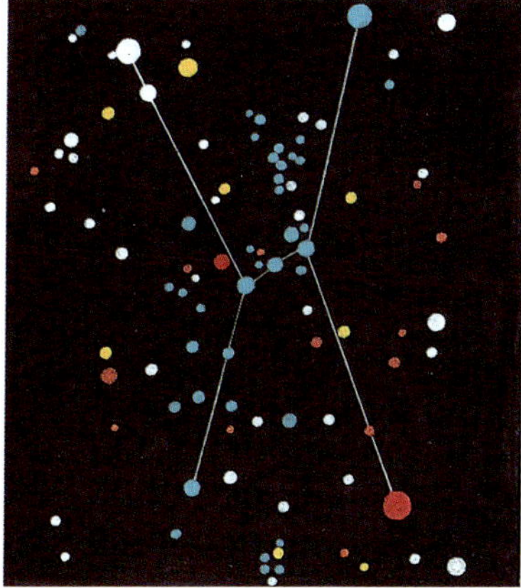

Bild 89/4: Spektralkarte des Sternbildes Orion. (Blaue Farbe bedeutet die Spektralklasse O.)

Interstellare Materie. Ein bis zwei Prozent der Gesamtmasse des Milchstraßensystems bestehen aus interstellarer Materie, das sind Gas- und Staubteilchen im Raum zwischen den Sternen. In chemischer Hinsicht gliedert sich die interstellare Materie in drei Bestandteile:

- ein Gasgemisch (72 % der Masse Wasserstoff, 26 % Helium, 2 % andere Elemente),
- Moleküle, die als Gase oder in festem Zustand auftreten,
- Minerale sowie Eisenlegierungen.

Die Moleküle und die Minerale haben eine entscheidende Bedeutung für die Entstehung von Sternen und Planeten. Bisher konnten über 90 verschiedene Moleküle in der interstellaren Materie nachgewiesen werden, darunter Wasser, Schwefeldioxid, Ethanol und Blausäure.

Der Staub macht nur etwa 1 % der interstellaren Materie aus. Zum überwiegenden Teil wird er in den Hüllen kühler, alter Riesensterne gebildet. Er kondensiert dort in dem Gas aus, das von den weit ausgedehnten Atmosphären dieser Sterne abströmt. Neu entstandene Sterne sind häufig von Staubhüllen umgeben, die kein Licht nach außen dringen lassen. Der Staub wird jedoch von dem jungen Stern aufgeheizt und gibt diese Energie in Form von infraroter Strahlung nach außen ab.

Auch die Körper unseres Sonnensystems, die den Stern Sonne umlaufen, sind zu einem beträchtlichen Teil aus interstellarem Staub entstanden.

In einem Volumen, so groß wie die Erdkugel, ist im Mittel nur etwa 1 kg interstellare Materie vorhanden. Trotz dieser geringen Dichte ist die interstellare Materie an vielen Stellen der Himmelskugel optisch sichtbar, weil die von ihr gebildeten Wolken sehr groß sind. Billiarden Staubteilchen und zehntausende Billiarden Gasteilchen stehen, von der Erde aus gesehen, hintereinander im Weltraum. Nichtleuchtende Gas- und Staubmassen verändern die Helligkeit und das Spektrum des Lichtes ferner Sterne. Sehr dichte Staubwolken können auch als „Dunkelnebel" (Bild 90/1) in Erscheinung treten oder - wenn es in ihrer Nähe einen hinreichend hellen Stern gibt, der sie beleuchtet - als leuchtende Nebel (Reflexionsnebel) sichtbar sein.

Gaswolken, die von benachbarten heißen Sternen angestrahlt werden, senden selbst Licht aus (Emissionsnebel, Bild 90/2).

Fehlt eine äußere Energiequelle, dann sind interstellare Gasmassen lediglich als schwache Radiostrahlungsquellen nachweisbar.

Bild 90/1: Der *Pferdekopf-Nebel* im Sternbild Orion. Vor dem hellen Nebel befindet sich eine dichte, undurchsichtige Staubmasse. Sie tritt auf der Aufnahme als Dunkelnebel in Erscheinung.

Bild 90/2: Der *Lagunen-Nebel* im Sternbild Schütze (Emissionsnebel)

Struktur des Milchstraßensystems. Das Milchstraßensystem gliedert sich in vier Bestandteile: **Zentralgebiet, Scheibe, Halo** und **Korona** (Bilder 91/1 und 2).
Das Zentralgebiet befindet sich in Richtung auf das Sternbild Schütze. Es ist hinter dichten Staubwolken verborgen und deshalb optisch unbeobachtbar; lediglich infrarote Strahlung und Radiowellen sind in der Lage, von dort bis zur Erde zu gelangen. Eine dichte Ansammlung von Sternen, Gas und Staub umkreist das eigentliche Zentrum des Milchstraßensystems, in dem sich wahrscheinlich eine sehr kompakte Masse unbekannter Struktur befindet. Es könnte sich um ein Schwarzes Loch von mehreren Millionen Sonnenmassen handeln, das ständig Materie aus seiner Umgebung in sich einsaugt.
Die meisten Sterne des Milchstraßensystems sind in Form einer flachen Scheibe angeordnet, in deren Mitte sich das Zentralgebiet befindet. Innerhalb dieser Scheibe sind die jüngsten, heißesten Sterne sowie die interstellare Materie in Gestalt von Spiralarmen konzentriert. Der Raum zwischen den Spiralarmen wird von einer Vielzahl von Sternen mit mittleren und geringen Leuchtkräften ausgefüllt. Die Sonne befindet sich am Innenrand eines Spiralarms.
Die Scheibe des Milchstraßensystems hat in der Nähe des Zentrums eine Dicke von etwa 5 000 pc, ihr Durchmesser beträgt rund 30 000 pc. Zentralgebiet und Scheibe werden vom Halo (griechisch: Hof, Umgebung) umschlossen. Er besteht aus kugelförmigen Sternhaufen und alten Einzelsternen und hat die Gestalt einer leicht abgeplatteten Kugel. Sein Durchmesser beträgt etwa 50 000 pc. Die Objekte im Halo bewegen sich auf langgestreckten Ellipsenbahnen um das Zentralgebiet des Milchstraßensystems.
Zentralgebiet, Scheibe und Halo sind in eine sehr ausgedehnte unsichtbare Hülle, die Korona, eingelagert, deren Durchmesser mindestens 120 000 pc betragen dürfte. Die Materie dieser Korona weist nur eine geringe Dichte auf; trotzdem enthält die Korona - wegen ihres großen Volumens - insgesamt eine sehr große Masse. Es wird vermutet, daß diese unsichtbare Masse zehnmal größer ist als die gesamte Masse aller sichtbaren Bestandteile des Milchstraßensystems. Ihre Zusammensetzung ist noch unbekannt; möglicherweise wird sie aus ausgebrannten Sternen, Planeten und interstellarer Materie gebildet.

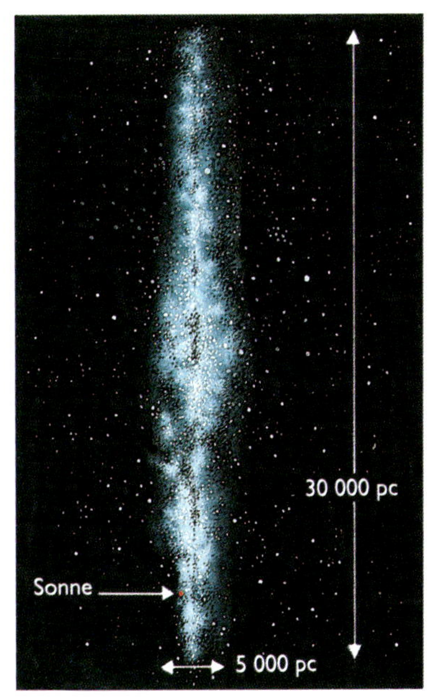

Bild 91/1: Schematischer Schnitt durch die Scheibe und das Zentralgebiet des Milchstraßensystems. Die Sonne befindet sich etwa 8 500 pc vom Zentrum entfernt. Zwischen dem Zentrum und der Sonne liegen dichte, undurchsichtige Staubwolken. Um die Scheibe herum schweben die Kugelsternhaufen des Halos. Sie sind hier als Punkte dargestellt.

Bewegungen im Milchstraßensystem. Das Milchstraßensystem rotiert um eine senkrecht zur Scheibenebene orientierte Drehachse. Dabei müssen drei Bereiche unterschieden werden:
Das Zentralgebiet rotiert wie ein starrer Körper. Dann folgt bis etwa 25 000 pc Zentrumsentfernung ein Bereich, in dem das 3. Keplersche Gesetz gilt, d. h., die Geschwindigkeit nimmt nach außen hin allmählich ab. Weiter außen bleibt die Bahngeschwindigkeit konstant. Das deutet auf die große Masse der unsichtbaren Korona hin.
Die Rotation des Milchstraßensystems läßt sich als Überlagerung vieler Einzelbewegungen verstehen. Alle Bestandteile des Systems umlaufen auf unterschiedlichen Bahnen das Zentrum. Für die Sonne beträgt die Umlaufgeschwindigkeit etwa 220 $km \cdot s^{-1}$ und die Umlaufzeit etwa $2{,}4 \cdot 10^8$ Jahre. Den Bewegungen um das Zentrum des Milchstraßensystems sind die zufälligen Bewegungen der Sterne und der interstellaren Wolken überlagert, deren Beträge und Richtungen sehr stark streuen.

Bild 91/2: Blick auf Scheibe und Zentralgebiet des Milchstraßensystems (schematisch)

Außergalaktische Sternsysteme

Sternsysteme außerhalb des Milchstraßensystems (der Galaxis) werden als außergalaktische Sternsysteme (Galaxien) bezeichnet. Im Gegensatz zum Milchstraßensystem, das nur zu Teilen und nur von einem Beobachtungsort in seinem Inneren erforscht werden kann, sind die außergalaktischen Sternsysteme von außen und jeweils als Ganzes beobachtbar. Die vom Milchstraßensystem bekannte Einteilung in Zentralgebiet, Scheibe und Halo ist bei sehr vielen außergalaktischen Sternsystemen ebenfalls erkennbar, aber nicht in jedem Falle sind alle drei Bestandteile vorhanden. Wahrscheinlich sind die meisten Sternsysteme, wie das Milchstraßensystem, in eine unsichtbare, massereiche Korona eingebettet.

Bild 92/1: Zwei Sternsysteme ohne Spiralstruktur. Sie können von Mitteleuropa aus nicht gesehen werden, weil sie dem Himmelssüdpol sehr nahe stehen. Beide Systeme sind Begleiter der Galaxis; das größere ist 50 000 pc, das kleinere 60 000 pc von der Galaxis entfernt.

Einteilung. Sternsysteme lassen sich in drei Hauptgruppen einteilen: spiralförmige, elliptische und irreguläre Systeme. Bei spiralförmigen Sternsystemen ist eine Spiralstruktur erkennbar, während elliptische Systeme äußerlich strukturlos sind. Irreguläre Sternsysteme haben chaotische, unsystematische Formen und Strukturen. Sie enthalten viel interstellare Materie und viele junge Sterne (Bild 92/1).
Spiralförmige Sternsysteme bestehen ebenfalls vorwiegend aus jungen Sternen und enthalten bis zu 10 % interstellare Materie, aus der sich weitere Sterne bilden. Demgegenüber gibt es in elliptischen Systemen nur wenig Gas und Staub; die Sternentstehung ist seit langem abgeschlossen und die Sterne dieser Systeme sind relativ alt (Bild 92/2).
Ein dem Milchstraßensystem benachbartes Sternsystem ist der *Andromeda-Nebel.* (Die irreführende Bezeichnung „Nebel“ entstand, bevor die wahre Natur der Sternsysteme erkannt wurde.) Wir sehen ihn bei schrägem Aufblick auf seine Scheibenebene aus etwa $6{,}5 \cdot 10^5$ pc Entfernung. Der *Andromeda-Nebel* ist bei klarem, dunklem Himmel mit dem bloßen Auge als kleine, elliptische Wolke im Sternbild Andromeda zu sehen. Er ist damit das am weitesten entfernte kosmische Objekt, das man mit dem bloßen Auge erkennen kann.

Bild 92/2: Großes spiralförmiges Sternsystem im Sternbild Andromeda *(Andromeda-Nebel)*

Bild 93/1: Spiralförmiges Sternsystem im Sternbild Jagdhunde. Deutlich sind dunkle Bänder aus Staub in den Spiralarmen zu sehen.

Die Strukturen der spiralförmigen Sternsysteme können nicht unbegrenzt lange bestehen. (Wenn das der Fall wäre, müßten sich die Spiralarme innerhalb einer nach kosmischen Maßstäben kurzen Zeitspanne auf das Zentralgebiet aufwickeln.)
Offenbar bildet sich das Spiralmuster innerhalb eines Sternsystems ständig neu, und die Spiralarme sind diejenigen Bereiche, in denen gerade ein besonders intensiver Sternentstehungsprozeß abläuft. Nach wenigen Millionen Jahren werden diese jungen Sterne so weit gealtert sein, daß sich das betreffende Gebiet nicht mehr von seiner Umgebung unterscheidet. Wenn die interstellare Materie eines Sternsystems durch die Sternentstehung verbraucht ist, verschwindet die Spiralstruktur; es entsteht eine strukturlose Scheibengalaxie.

Bild 93/2: Spiralförmige Sternsysteme, die uns ihre Schmalseite zuwenden, lassen die zentrale Verdickung der Scheibe deutlich erkennen. Die dunklen Flecke nahe der Mittelebene sind undurchsichtige Staubwolken.

Radiogalaxien. Je mehr interstellares Gas ein Sternsystem enthält, desto stärker ist sein Magnetfeld und, da Magnetfelder wesentlich an der Entstehung von Radiostrahlung beteiligt sind, desto stärker ist auch die von diesem System ausgehende Radiostrahlung. Spiralförmige Sternsysteme senden deshalb eine stärkere Radiostrahlung aus als elliptische Systeme. Sternsysteme mit überdurchschnittlich starker Strahlung im Radiobereich werden als Radiogalaxien bezeichnet. Viele Radiogalaxien sind optisch sehr lichtschwach.
Je nachdem, wo sich die Quelle der Radiostrahlung befindet, unterscheidet man kompakte Quellen und Jetquellen. Bei den kompakten Quellen geht die Strahlung von einem kleinen Bereich im Zentralgebiet des Sternsystems aus, bei den Jetquellen von Bereichen, die weit außerhalb der sichtbaren Strukturen des Sternsystems liegen. Möglicherweise handelt es sich um Materie, die vom Zentralgebiet ausgestoßen wurde.
Quasare sind außerordentlich weit entfernte außergalaktische Objekte, die im optischen Bereich sternförmig erscheinen und starke ultraviolette und Röntgenstrahlung aussenden. Ihre Leuchtkräfte sind sehr hoch, sie übertreffen die Leuchtkräfte normaler Sternsysteme um das 10- bis 100fache. Manche Quasare weisen Helligkeitsschwankungen auf. Die wahre Natur der Quasare ist noch nicht sicher bekannt. Wahrscheinlich handelt es sich um besonders leuchtkräftige, kompakte Zentralgebiete ferner Sternsysteme, die nur während einer bestimmten Zeit im Laufe ihrer Entwicklung so stark strahlen können.

Bild 94/1: Galaxienhaufen. Nur wenige der hier abgebildeten Objekte sind Sterne unseres eigenen Sternsystems; die meisten sind entfernte Galaxien.

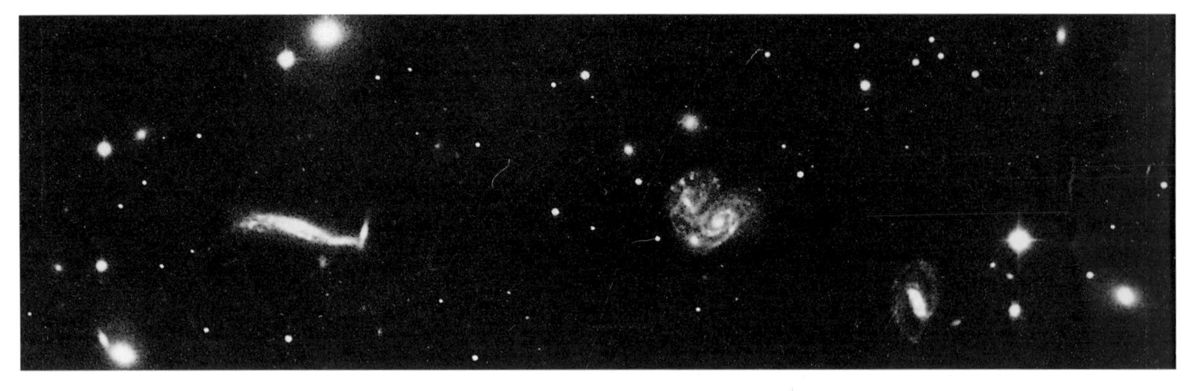

Galaxienhaufen. Fast alle Sternsysteme sind in großen Konzentrationen vereinigt, die als Galaxiengruppen oder Galaxienhaufen bezeichnet werden und die ihrerseits wiederum größere Anhäufungen (Superhaufen) bilden. Die Superhaufen sind die größten bekannten Strukturen im Kosmos. Galaxienhaufen umfassen jeweils einige 100 bis zu mehreren 1 000 Sternsysteme. Superhaufen können bis zu 10^6 Sternsysteme mit einer Gesamtmasse bis zu 10^{16} Sonnenmassen enthalten; in ihnen sind die Galaxienhaufen in Form von ketten- oder flächenhaften Gebilden angeordnet. Damit erhält der gesamte Kosmos eine zellen- oder schaumblasenartige Struktur. Das Innere der Zellen enthält keine sichtbare Materie.
Das Milchstraßensystem, der *Andromeda-Nebel* und etwa 30 andere Sternsysteme bilden einen kleinen Galaxienhaufen, der ebenfalls zu einem Superhaufen gehört. Dessen Zentrum ist ein großer Galaxienhaufen im Sternbild Jungfrau.

Die Entwicklungsgeschichte des Kosmos

Die Bewegung der Sternsysteme. Im Jahre 1929 entdeckte der amerikanische Astronom EDWIN P. HUBBLE bei der Auswertung der Spektralaufnahmen von Sternsystemen eine beachtliche Verschiebung der Spektrallinien zum langwelligen, roten Bereich hin (**Rotverschiebung**). Sie trat in mehr oder weniger ausgeprägter Form bei fast allen Sternsystemen auf. Diese Rotverschiebung ist ein Zeichen dafür, daß sich die Sternsysteme vom Beobachter wegbewegen. Genauere Analysen zeigen, daß die Geschwindigkeit dieser Bewegung um so größer ist, je weiter das betreffende Sternsystem vom Milchstraßensystem entfernt ist (**Hubble-Effekt**). Dadurch entsteht der Eindruck, das Milchstraßensystem sei das Zentrum dieser Bewegungen. Dies ist jedoch ein Trugschluß: Wenn sich alle Sternsysteme voneinander wegbewegen, so hat ein Beobachter auf jedem beliebigen System den Eindruck, daß sich alle anderen Systeme von ihm wegbewegen.
Das Milchstraßensystem und alle anderen Sternsysteme bewegen sich mit hohen Geschwindigkeiten durch das Weltall. Relativ zum Milchstraßensystem erreichen die Geschwindigkeiten der anderen Sternsysteme Werte bis zu 280 000 $km \cdot s^{-1}$ (Das sind mehr als 90 % der Lichtgeschwindigkeit!). Der Hubble-Effekt ist ein Ausdruck der Tatsache, daß sich die gegenseitigen Abstände der Sternsysteme ständig vergrößern. Alle Sternsysteme bewegen sich voneinander weg. Der Kosmos dehnt sich aus, er expandiert.

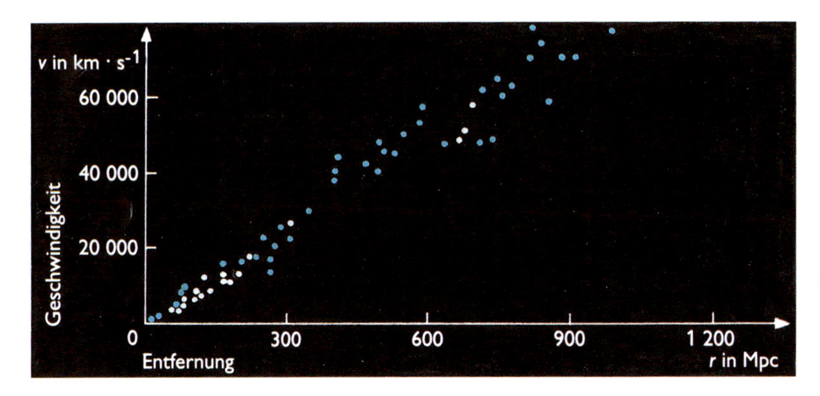

Bild 95/1: Zusammenhang zwischen den Geschwindigkeiten der Sternsysteme und den Entfernungen dieser Systeme vom Milchstraßensystem

Urknall. Aus den heutigen Entfernungen der Sternsysteme und aus ihren Geschwindigkeiten läßt sich der Zeitpunkt berechnen, zu dem die Expansion des Kosmos begann. Er liegt etwa 20 Milliarden Jahre zurück.
Zu jener Zeit war die gesamte kosmische Materie extrem dicht und heiß, sie bestand aus energiereicher Strahlung und Elementarteilchen. Strahlung und Teilchen wandelten sich ständig ineinander um. Im weiteren Verlaufe der Expansion sanken die Materiedichte und die Temperatur auf die heutigen Werte ab.
Den explosionsartigen Beginn der Expansion des Kosmos bezeichnet man häufig als Urknall. Über den Zustand des Kosmos vor dem Urknall gibt es lediglich Vermutungen. Die astronomischen und physikalischen Gesetze der Gegenwart reichen nicht aus, um diesen Zustand zu beschreiben. Möglicherweise sind Raum und Zeit erst mit dem Urknall entstanden.

Nach dem Urknall konnten nacheinander unterschiedliche Arten von Elementarteilchen neben der Strahlung existieren, aber erst als die Temperatur des Kosmos auf etwa 3 000 K gesunken war (etwa 700 000 Jahre nach dem Urknall), endete das Gleichgewicht zwischen Teilchen und Strahlung. Die Teilchen (Protonen, Neutronen, Elektronen) wandelten sich nicht mehr in Strahlung um und umgekehrt, sondern vereinigten sich zu Atomen und diese später zu Molekülen. Die Bildung kosmischer Strukturen - Gasteilchen, Staubteilchen, Sterne, Planeten, Sternsysteme - begann; und sie setzt sich bis in die Gegenwart fort. Die Strahlung bewegt sich seit jener Zeit frei durch den Weltraum. Mit der fortschreitenden Expansion des Kosmos hat sie sich immer mehr verdünnt und ihre Energie hat sich immer mehr verringert.

Im Jahre 1965 wurde eine Radiowellenstrahlung entdeckt, die aus allen Richtungen gleichmäßig auf die Erde einfällt. Sie ist keinem bekannten Objekt zuzuordnen, sondern muß als Überrest der hochenergetischen Strahlung betrachtet werden, die in der Frühphase den gesamten Kosmos ausfüllte. Gegenwärtig gleicht sie der Strahlung eines Körpers mit einer Temperatur von 3 K (Drei-Kelvin-Strahlung, 3-K-Strahlung). Die Bewegungen der Sternsysteme und die 3-K-Strahlung kann man als wichtige Beweise dafür ansehen, daß sich der Urknall tatsächlich ereignet hat.

Entwicklungsetappen im Kosmos

vor Jahren	Vorgang
$20 \cdot 10^9$	Urknall
$15 \cdot 10^9$	Bildung der ältesten Galaxien und darin der ersten Sterne
$4{,}6 \cdot 10^9$	Entstehung des Sonnensystems
$3{,}6 \cdot 10^9$	erste Lebewesen auf der Erde
$3 \cdot 10^6$	erste Menschen

AUFGABEN

1. Suchen Sie den für uns sichtbaren Teil der Milchstraße auf der Sternkarte auf! Durch welche Sternbilder verläuft die Milchstraße?
2. Wie könnte die irreführende Bezeichnung „Nebel“ für viele Sternsysteme (z. B. *Andromeda-Nebel*) zustande gekommen sein?
3. Die fernsten mit heutiger Technik beobachtbaren kosmischen Objekte sind $3{,}1 \cdot 10^9$ pc von der Erde entfernt. Vor wieviel Jahren wurde die Strahlung ausgesandt, die wir heute von diesen Objekten beobachten?

ZUSAMMENFASSUNG

Sternsystem	Ansammlung von 10^9 bis 10^{12} Sternen und großen Mengen interstellarer Materie. Die Sonne gehört zu einem Sternsystem, dem Milchstraßensystem (Galaxis).
Sternhaufen	Ansammlung zusammengehöriger Sterne innerhalb eines Sternsystems. Man unterscheidet offene und kugelförmige Sternhaufen. Die Sterne eines Sternhaufens sind gemeinsam entstanden.
Aufbau des Milchstraßensystems	Zentralgebiet, Scheibe, Halo, Korona
außergalaktische Sternsysteme	Sternsysteme außerhalb des Milchstraßensystems
Galaxienhaufen	Konzentrationen von Sternsystemen
Urknall	Beginn der Expansion des Kosmos vor etwa $20 \cdot 10^9$ Jahren; extrem dichter und heißer Zustand der Materie

Astronomie im Wandel der Zeit

Altertum. Schon die ersten Hochkulturen der Menschheit in Babylonien, Ägypten, Mittelamerika und China verfügten über Kenntnisse in Astronomie, Mathematik und anderen Wissensgebieten. Die Astronomie ging aus den Sternreligionen dieser frühen Kulturen hervor und war über lange Zeit eng mit der Astrologie verbunden. Spuren astronomischen Wissens lassen sich zum Teil bis in das 4. Jahrtausend v. Chr. zurückverfolgen.
Praktischen Nutzen brachten diese Kenntnisse vor allem für die Einteilung des Zeitablaufes. Brauchbare Kalender waren für die Festlegung der Termine zur Aussaat und zur Ernte sowie zur Bewässerung der Felder erforderlich. Durch die ägyptische Astronomie wurden so die Voraussetzungen geschaffen, die Perioden der Nilüberschwemmungen zu berechnen. Grundlage dafür war das Wissen über die regelmäßigen Änderungen der Stellungen von Sonne und Mond. Bereits um 3500 v. Chr. verfügten die Ägypter über einen Kalender mit einer Jahreslänge von 365 Tagen.

Bild 98/1: Der Tierkreis-Kalender im Tempel von Dendera in Ägypten

Für die Seefahrt, wie sie z. B. von den Phöniziern betrieben wurde, war die Orientierung am Sternhimmel unentbehrlich.
Das **Babylonische Weltbild**, das etwa 2 000 Jahre v. Chr. entstand, beschreibt die Erde als Scheibe, vom Wasser der Ozeane umflossen und vom Himmel überwölbt. Aus dieser Zeit sind weltweit nur wenige Sachzeugen erhalten. Zu ihnen gehört die Steinsetzung von Stonehenge in Mittelengland, die wahrscheinlich sowohl für astronomische Beobachtungen als auch für kultische Zwecke diente.
Im klassischen Griechenland entstand um 300 v. Chr. die Erkenntnis, daß die Erde Kugelgestalt besitzt. Ein Jahrhundert später errechnete der griechische Gelehrte ERATOSTHENES aus Beobachtungen der Sonnenhöhen erstmalig den Umfang der Erde.

Bild 98/2: Babylonisches Weltbild. Die Weltbilder anderer Hochkulturen des Altertums sind dieser Vorstellung vom Aufbau der Welt sehr ähnlich.

Der bedeutendste Astronom des Altertums war HIPPARCH. Er begründete die systematische astronomische Beobachtung, stellte den ersten Sternkatalog zusammen und benutzte bereits Winkelmeßinstrumente. Ihm gelang es auch, die Entfernung zwischen Erde und Mond zu ermitteln. HIPPARCH beschrieb die scheinbaren Bewegungen der Planeten in einer mathematischen Theorie, die um das Jahr 150 n. Chr. von dem griechischen Astronomen PTOLEMÄUS zum **geozentrischen Weltbild** ausgebaut wurde.
Das geozentrische Weltbild betrachtet die Erde als Zentrum der Welt. Sie wird vom Mond, den Planeten und der Sonne umlaufen. Durch eine Sphäre (Kugel), an der die Sterne befestigt sind, ist die Welt nach außen abgeschlossen.

Bild 98/3: Stonehenge, ein astronomisch-kultisches Bauwerk der älteren Bronzezeit

Das geozentrische Weltbild war ein übersichtliches geometrisches Modell für die Planetenbewegungen an der scheinbaren Himmelskugel. Es ging vom Augenschein aus, beschrieb die Beobachtungen mit ausreichender Genauigkeit und entsprach der Denkweise jener Zeit. Die Sterne waren für die Astronomen vor 2 000 Jahren noch kein Forschungsgegenstand; sie lieferten lediglich den Hintergrund, vor dem sich die Bewegungen der „Wandelsterne" (so nannte man die Sonne, den Mond und die Planeten Merkur, Venus, Mars, Jupiter und Saturn) abspielten.
Nach dem Ausklingen der klassischen griechisch-römischen Kulturepoche verlagerte sich der Schwerpunkt der wissenschaftlichen Astronomie für viele Jahrhunderte in die arabischen Länder. Viele Sternnamen, die noch heute in Gebrauch sind, gehen auf arabische Bezeichnungen zurück. Bis in das frühe Mittelalter bewahrte die arabische Astronomie die Erkenntnisse des klassischen Altertums und vervollkommnete sie. Damit leistete sie einen wertvollen Beitrag für den Neubeginn der Astronomie in der europäischen Renaissance.

Das heliozentrische Weltbild. Im 13. Jahrhundert entstanden erste Zweifel an der Richtigkeit des geozentrischen Weltbildes. Sie waren vor allem dadurch begründet, daß mit dem Aufkommen genauerer Meß- und Beobachtungsgeräte die Differenzen zwischen den vorausberechneten Koordinaten der Planeten und den beobachteten Positionen dieser Himmelskörper immer deutlicher zutage traten. Auch komplizierte Korrekturen des geozentrischen Weltbildes konnten auf Dauer keine Abhilfe schaffen.
Um das Jahr 1512 kam der Astronom und Domherr NIKOLAUS KOPERNIKUS (1473–1543) zu der Überzeugung, daß die Ungenauigkeiten nicht in den Berechnungen, sondern im Prinzip des geozentrischen Weltbildes begründet seien. Er veröffentlichte daraufhin eine Schrift, in der er ein völlig neues, bis dahin unvorstellbares Weltbild andeutete. Nicht die Erde, sondern die Sonne sollte der Mittelpunkt der Welt sein, und die Erde sollte sich - mit allen anderen damals bekannten Planeten - als Planet um die Sonne bewegen. Die vollständige Ausarbeitung dieser Theorie lieferte KOPERNIKUS allerdings erst in seinem Todesjahr (1543) in dem sechsbändigen Werk „Über die Umlaufsbewegungen der Himmelskörper".

Bild 99/1: KOPERNIKUS

Das astronomische Weltbild des NIKOLAUS KOPERNIKUS wird heute als **heliozentrisches Weltbild** bezeichnet (griechisch: helios - die Sonne). Er beschreibt den Aufbau des Sonnensystems prinzipiell richtig, wenn auch viele Einzelheiten später noch korrigiert werden mußten.
Das heliozentrische Weltbild konnte sich bei den Astronomen jener Zeit und in der Öffentlichkeit zunächst nur schwer durchsetzen. Das lag zu einem wesentlichen Teil daran, daß KOPERNIKUS für seine Annahmen keine Beweise vorlegen konnte.

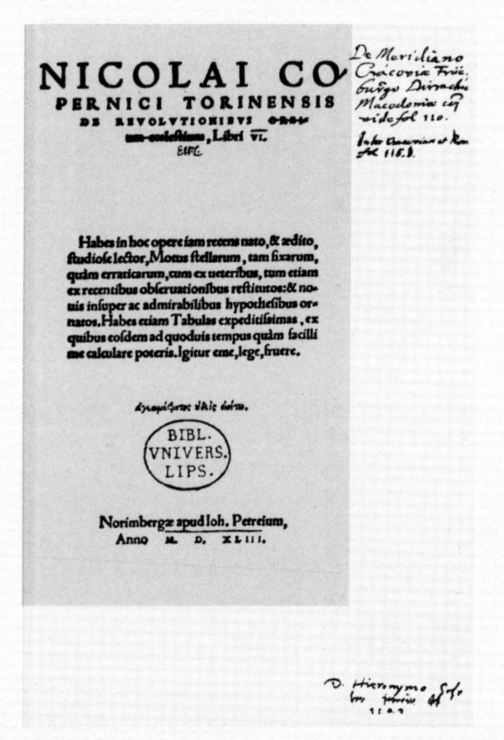

NICOLAI CO
PERNICI TORINENSIS
DE REVOLVTIONIBVS
, Libri VI.

Habes in hoc opere iam recens nato, & aedito, studiose lector, Motus stellarum, tam fixarum, quàm erraticarum, cum ex ueteribus, tum etiam ex recentibus obseruationibus restitutos: & nouis insuper ac admirabilibus hypothesibus ornatos. Habes etiam Tabulas expeditissimas, ex quibus eosdem ad quoduis tempus quàm facillime calculare poteris. Igitur eme, lege, fruere.

BIBL. VNIVERS. LIPS.

Norimbergae apud Ioh. Petreium,
Anno M. D. XLIII.

Bild 99/2: Titelseite des Hauptwerkes „De revolutionibus" von KOPERNIKUS

Galilei, Kepler, Newton. Im Jahre 1609 baute der italienische Physiker Galileo Galilei (1564–1642) das kurz zuvor in Holland erfundene Fernrohr nach und wendete dieses Instrument erstmalig bei astronomischen Beobachtungen an. Er entdeckte die Ringgebirge und die Ebenen auf dem Mond (die Ebenen hielt er irrtümlich für Ozeane), die Sonnenflecken, die Lichtgestalten der Venus und die hellen Monde des Jupiters. Besonders die Entdeckung der Jupitermonde und ihrer Bewegung um den Planeten bedeutete für Galilei ein wesentliches Argument dafür, daß das heliozentrische Weltbild den Bau des Sonnensystems richtig beschreibt. In der Bewegung der kleinen Körper um einen größeren sah er ein verkleinertes Abbild des Sonnensystems. Die Kräfte, die die Körper in ihren Bahnen halten, konnte er jedoch noch nicht benennen.

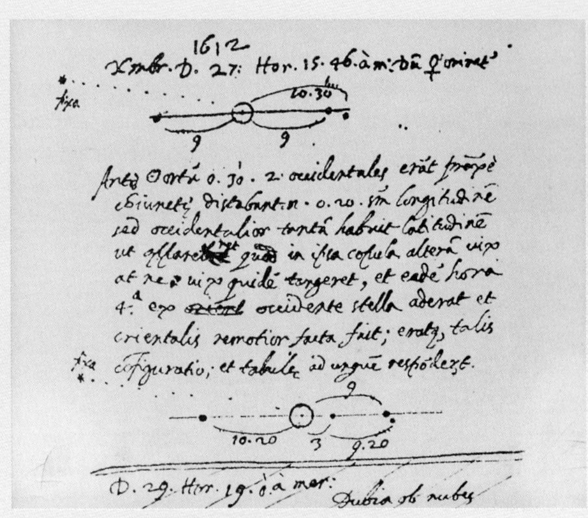

Bild 100/3: Jupiterbeobachtungen von Galilei

Bild 100/1: Galilei

Bild 100/2: Kepler

Im gleichen Jahr 1609 fand der Mathematiker Johannes Kepler (1571–1630) bei der Auswertung zahlreicher sehr genauer Beobachtungsdaten des dänischen Astronomen Tycho Brahe die ersten fehlerfreien mathematischen Beschreibungen der Planetenbewegung (1. und 2. Keplersches Gesetz). Kepler war fest davon überzeugt, daß das heliozentrische Weltbild den Bau des Sonnensystems richtig wiedergibt. Die Entdeckung des 3. Gesetzes der Planetenbewegung gelang Kepler erst ein volles Jahrzehnt später.

Die Keplerschen Gesetze boten zwar eine korrekte mathematische Form für die beobachteten Bewegungsvorgänge im Sonnensystem, sagten jedoch nichts über die Ursachen dieser Bewegungen und konnten auch nicht als Beweise für die Richtigkeit des heliozentrischen Weltbildes herangezogen werden.

Deshalb fand dieses Weltbild nur langsam Anerkennung; eine Zeitlang wurde es sogar von den damaligen geistlichen und weltlichen Autoritäten als Irrlehre und Ketzerei bekämpft. Galileo Galilei mußte sich wegen seines mutigen Eintretens für das heliozentrische Weltbild zweimal vor dem Inquisitionsgericht verantworten; im zweiten Prozeß (1633) wurde er zu lebenslangem Hausarrest verurteilt.

Erst dem Physiker Isaac Newton (1643–1727) gelang die Entdeckung der Kraft, der alle Bewegungen der Himmelskörper unterworfen sind und die alle kosmischen Systeme zusammenhält. Im Jahre 1687 veröffentlichte er das Gravitationsgesetz. Vereinfachend kann man sagen:

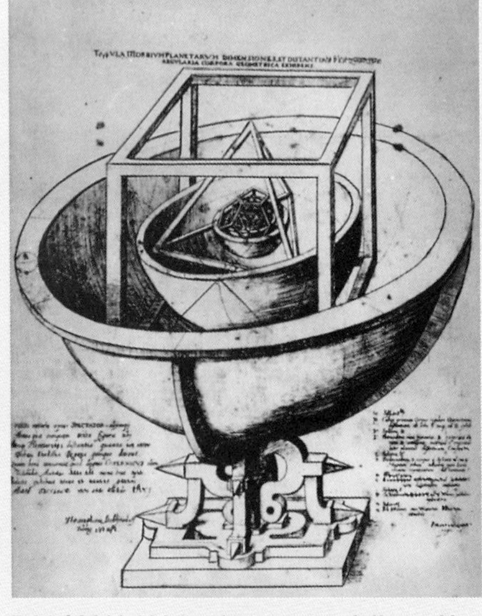

Bild 100/4: Weltgeheimnismodell von Kepler

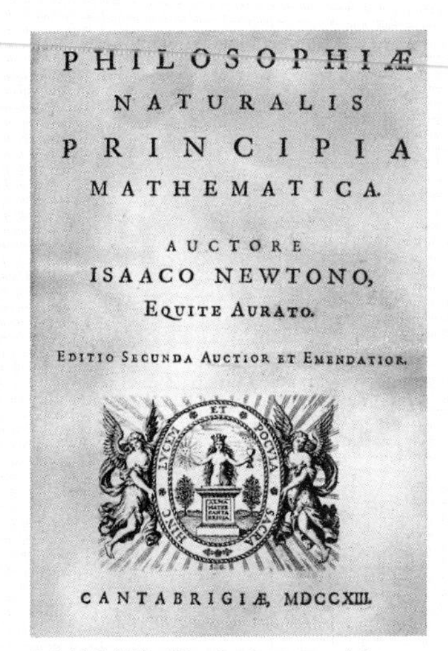

PHILOSOPHIÆ
NATURALIS
PRINCIPIA
MATHEMATICA.

AUCTORE
ISAACO NEWTONO,
EQUITE AURATO.

EDITIO SECUNDA AUCTIOR ET EMENDATIOR.

CANTABRIGIÆ, MDCCXIII.

Bild101/1: Titelseite von NEWTONS „Principia"

KOPERNIKUS lehrte, **daß** sich die Planeten um die Sonne bewegen,
KEPLER lehrte, **wie** sich die Planeten um die Sonne bewegen,
NEWTON fand, **warum** sich die Planeten um die Sonne bewegen.
Seit KEPLER und NEWTON haben Mathematik und Physik eine überragende Bedeutung für die Astronomie gewonnen. Die Astronomie wurde durch die Entdeckungen dieser beiden Forscher zur modernen Naturwissenschaft.

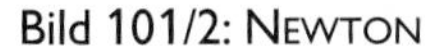

Bild 101/2: NEWTON

Bild 101/3: HERSCHEL

Die Astronomie im 18. und 19. Jahrhundert.
Bis weit in das 18. Jahrhundert hinein galt nur das Sonnensystem als Arbeitsfeld der Astronomie. Es endete mit der Bahn des Saturn, die drei äußeren Planeten waren noch nicht entdeckt. Über die Sterne war nur sehr wenig bekannt. Nicht einmal ihre Entfernungen von der Erde konnte man messen.

Im Jahre 1781 entdeckte WILHELM HERSCHEL den Planeten Uranus. Der gleiche Forscher stellte 1784 erste Überlegungen über die Verteilung der Sterne im Weltraum an. Damit begann die astronomische Wissenschaft, ihre bisherigen Grenzen zu überwinden. Parallel dazu entstanden die ersten Theorien über die Entstehung des Sonnensystems (IMMANUEL KANT 1755, PIERRE SIMON LAPLACE 1796).
Aus Störungen der Uranusbahn schlossen URBAIN JEAN JOSEPH LEVERRIER und JOHN COUCH ADAMS, daß ein noch unbekannter Planet außerhalb der Uranusbahn die Sonne umlaufen müsse. Sie errechneten die Koordinaten dieses vermuteten Planeten, und aufgrund der Berechnungen LEVERRIERS konnte der Berliner Astronom JOHANN GOTTFRIED GALLE 1846 diesen Himmelskörper entdecken. Er erhielt den Namen Neptun. Zum ersten Male war es damit gelungen, einen Himmelskörper, ohne ihn vorher gesehen zu haben, sozusagen am Schreibtisch zu entdecken.
Mit der Messung der ersten Sternparallaxe (BESSEL, 1838) eröffnete sich die Möglichkeit, Sternentfernungen zu bestimmen. Damit drang die messende Astronomie in einen völlig neuen Bereich vor. Nun ließen sich auch über die räumliche Verteilung der Sterne im Weltraum zuverlässige Angaben machen. Gleichzeitig bedeutete die Beobachtung der parallaktischen Verschiebung eines Sterns am Himmelshintergrund den letzten, bislang noch ausstehenden Beweis dafür, daß sich die Erde um die Sonne bewegt. (Daran gab es zu BESSELS Zeit längst keinen Zweifel mehr. Aber ein echter Beweis für die Bewegung der Erde um die Sonne war noch nicht erbracht worden.)
Ein ganz wichtiges Hilfsmittel für die astronomische Forschung wurde die 1859 von GUSTAV ROBERT KIRCHHOFF und ROBERT BUNSEN in die Physik eingeführte Spektralanalyse des Lichtes. (Schon 1814 hatte JOSEPH V. FRAUNHOFER im Sonnenspektrum dunkle Linien beobachtet, sie aber noch nicht deuten können.) Innerhalb kurzer Zeit entstand nun die Astrophysik als neues Teilgebiet der Astronomie. Spektralbeobachtungen und Messungen der scheinbaren Helligkeiten der Sterne traten neben die klassischen Koordinatenmessungen.
In der zweiten Hälfte des 19. Jahrhunderts entwickelte sich auch die Technik der fotografischen astronomischen Beobachtung.

Die Astronomie im 20. Jahrhundert. In den ersten Jahrzehnten des 20. Jahrhunderts erlebte die theoretische Astrophysik einen bedeutenden Aufschwung. Zwischen 1905 und 1913 fanden Ejnar Hertzsprung und Henry Norris Russell den Zusammenhang zwischen den Photosphärentemperaturen und den Leuchtkräften der Sterne.

Bild 102/1: Hertzsprung

Bild102/2: Russell

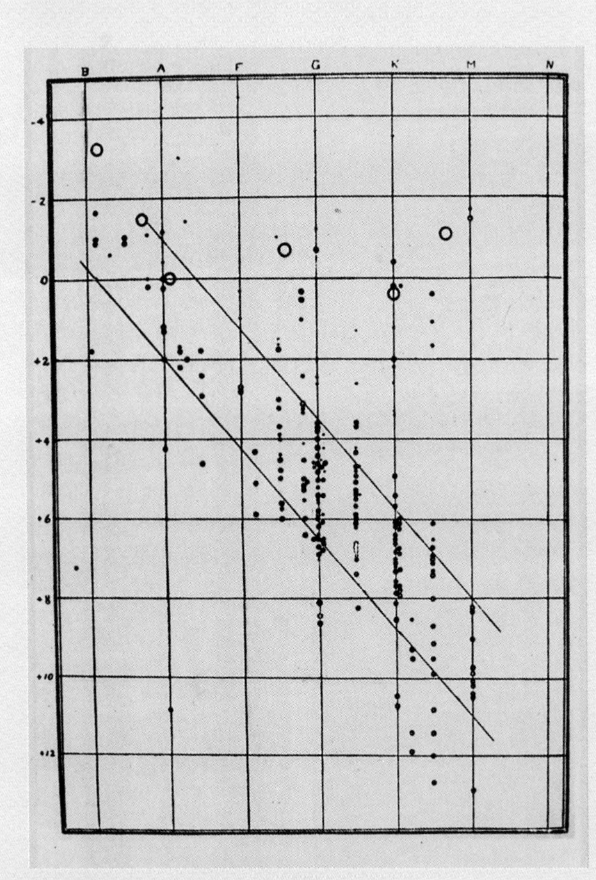

Bild 102/3: Die erste Darstellung des Hertzsprung-Russell-Diagramms

Dem britischen Astrophysiker Arthur Stanley Eddington gelang es 1926, eine bis heute gültige Theorie des Sternaufbaus zu erarbeiten, und nur 12 Jahre später erkannten die deutschen Physiker Hans Albrecht Bethe und Carl Friedrich v. Weizsäcker die Kernfusion als den Vorgang, durch den die Energie in den Sternen freigesetzt wird. Damit hatte die Beobachtung der Sterne, die im 19. Jahrhundert immer mehr verfeinert worden war, ihre Ergänzung durch die Theorie gefunden.

Im Jahre 1929 entdeckte Edwin P. Hubble die Expansion des Kosmos, als er die Bewegungen der Sternsysteme mit Hilfe von Spektralbeobachtungen nachwies. Die theoretischen Grundlagen dazu waren wenige Jahre vorher durch die Arbeiten des russischen Physikers Alexander A. Friedman gelegt worden.

Nach dem 2. Weltkrieg entstand die Radioastronomie. Zwar hatte Karl Guthe Jansky in den USA bereits 1932 Radiostrahlung aus der Galaxis nachgewiesen, aber wirkliche Bedeutung erlangte dieser Zweig der Astronomie erst, als der Bau großer Richtantennen und empfindlicher Verstärker möglich wurde. 1949 wurde die Radiostrahlung des interstellaren Wasserstoffs erstmalig nachgewiesen, 1955 Radiostrahlung vom Planeten Jupiter beobachtet.

Mit dem Start des ersten künstlichen Erdsatelliten (Sputnik 1, Sowjetunion, 1957) begann die Entwicklung der Raumfahrt. Damit eröffneten sich neue Möglichkeiten, Beobachtungsinstrumente außerhalb der Erdatmosphäre zu stationieren und einige Körper des Sonnensystems aus unmittelbarer Nähe zu erforschen.

1959 wurde mit raumfahrttechnischen Mitteln erstmalig die erdabgewandte Seite des Mondes beobachtet, 1960 folgten die ersten astronomischen Beobachtungen im UV- und Röntgenwellenbereich. Nach dem ersten Raumflug eines Menschen (Juri Gagarin, Sowjetunion, 1961) folgte die Landung von Menschen auf dem Mond (Neil Armstrong und Edwin Aldrin, USA, 1969) und die Landung unbemannter Sonden auf dem Mars.

Neben solchen spektakulären Ereignissen war in der zweiten Hälfte des 20. Jahrhunderts vor allem die Entwicklung der Mikroelektronik und der Computertechnik von entscheidender Bedeutung für die Astronomie. Sie ermöglichte es, durch leistungsfähige Rechner Vorgänge im Innern der Sterne theoretisch nachzuprüfen, die sich in der Natur über viele Millionen oder Milliarden Jahre erstrecken und des-

Bild 103/1: ARMSTRONG und ALDRIN auf dem Mond

halb durch die Beobachtung nicht erfaßbar sind. Auch für die Bedienung der großen Teleskope und für die Steuerung der Raumsonden ist die Computertechnik unentbehrlich.
An der Schwelle zum 3. Jahrtausend steht die Astronomie vor alten und neuen ungelösten Fragen:
Wie entstehen Planetensysteme?
Welche Sterne der näheren Sonnenumgebung sind von Planetensystemen umgeben?
Wie entstand die großräumige Struktur des Kosmos?
Welche Kräfte wirkten in den ersten Sekundenbruchteilen nach dem Urknall?
Haben diese Kräfte Spuren bis in die Gegenwart hinterlassen?
Expandiert das Weltall ewig?
Wie wird die Entwicklungsgeschichte der Erde in Zukunft verlaufen?
Bleibt die Erde auf absehbare Zeit ein Planet, auf dem Leben möglich ist?
Die Erfahrung lehrt, daß jedes derartige Problem bei seiner Lösung neue Fragen aufwirft. So bleibt die Astronomie, eine der ältesten Naturwissenschaften der Welt, heute und auch in Zukunft ein lebendiger Bestandteil der menschlichen Kultur.

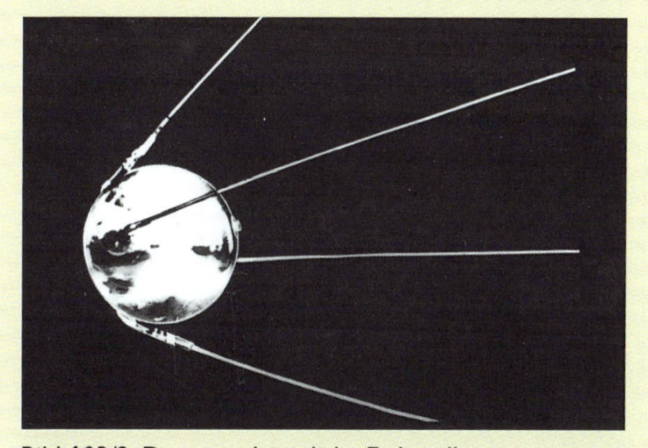

Bild 103/2: Der erste künstliche Erdsatellit

Bild103/3: Hubble-Space-Telescope

Nördlicher Sternhimmel

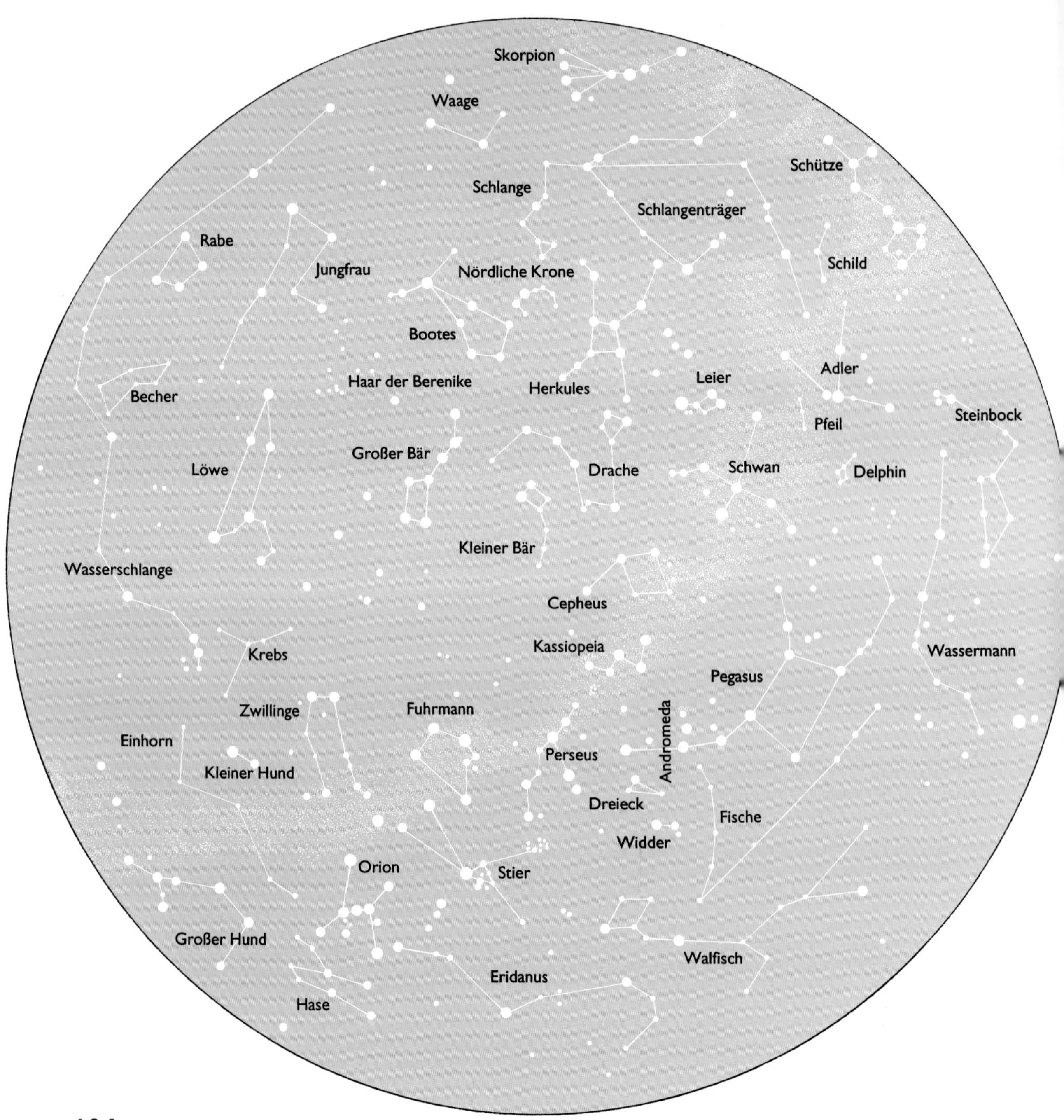

Beobachtungen

Sterne und Sternbilder

Vorbereitung

1. Suchen Sie auf der drehbaren Sternkarte die Sternbilder Großer Bär und Kassiopeia sowie die Sterne Deneb, Wega und Atair auf!
2. Prägen Sie sich die Lage dieser Sternbilder und Sterne relativ zum Horizontausschnitt der Sternkarte ein!
3. Die sieben Hauptsterne des Großen Bären werden oft als „Großer Wagen" bezeichnet. Man stellt sich einen Wagenkasten mit Deichsel vor. Prägen Sie sich den mittleren Stern dieser „Wagendeichsel" ein!

Beobachtung *(mit dem bloßen Auge)*

1. Suchen Sie das Sternbild Großer Bär am Himmel auf! Skizzieren Sie das Sternbild und beachten Sie dabei, daß Sie seine Lage relativ zum Horizont richtig darstellen!
2. Suchen Sie, ausgehend vom Großen Bären, den Polarstern auf!

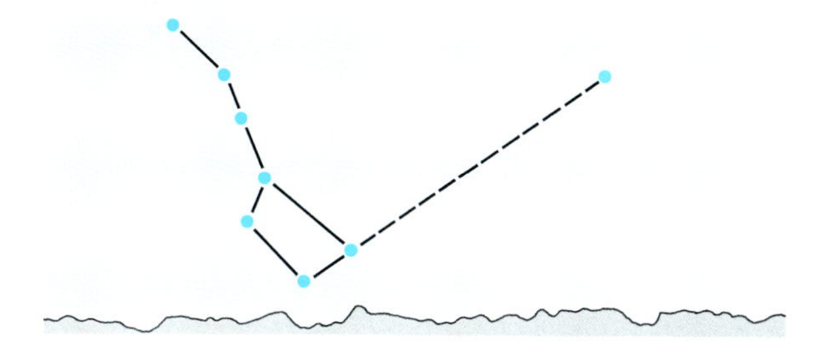

3. Verbinden Sie den mittleren Stern der „Wagendeichsel" in Gedanken mit dem Polarstern! Die Verlängerung dieser gedachten Linie trifft das Sternbild Kassiopeia. Suchen Sie die Kassiopeia am Himmel auf!
4. Suchen Sie das aus den Sternen Deneb, Wega und Atair gebildete sogenannte Sommerdreieck am Himmel auf!

Auswertung

Wo ist das Sternbild Kassiopeia zu finden, wenn der Große Bär a) östlich vom Polarstern, b) westlich vom Polarstern, c) nahe dem Zenit steht?

Die scheinbare Bewegung der Himmelskugel

Vorbereitung

Skizzieren Sie von Ihrem Beobachtungsstandort aus die Umrisse einiger auffallender Gebilde (z. B. Häuser, hohe Bäume) am Horizont!

Beobachtung *(mit dem bloßen Auge)*

1. Suchen Sie einen hellen Stern auf!
   Er soll sich in möglichst geringer Höhe über dem Horizont befinden. Markieren Sie in der Umrißskizze den Stern und das Sternbild, zu dem er gehört!
2. Beobachten Sie den gleichen Stern nach etwa einer Stunde wieder!
   Tragen Sie den Ort am Himmel, an dem sich der Stern nunmehr befindet, ebenfalls in Ihre Umrißskizze ein!

Auswertung

1. In welcher Richtung hat sich der Stern in der Zeitspanne zwischen den beiden Beobachtungen bewegt?
2. Geben Sie die Ursache für die beobachtete scheinbare Bewegung des Sterns an!

Astronomische Koordinaten

Vorbereitung

Bereiten Sie eine Tabelle nach folgendem Muster vor:

Stern	Koordinaten geschätzt	gemessen	nach der Sternkarte ermittelt
1.	$A =$ $h =$	$A =$ $h =$	$A =$ $h =$
2.	$A =$ $h =$	$A =$ $h =$	$A =$ $h =$
3.	$A =$ $h =$	$A =$ $h =$	$A =$ $h =$

Beobachtung *(mit dem bloßen Auge und mit dem Schulfernrohr)*

1. Tragen Sie die Namen von drei Sternen, die Ihnen vorgegeben werden, in die Tabelle ein und suchen Sie diese Sterne mit Hilfe der drehbaren Sternkarte am Himmel auf!
2. Schätzen Sie die Azimute und die Höhen dieser Sterne und tragen Sie die Schätzwerte in die Tabelle ein!
3. Lesen Sie Azimut und Höhe eines dieser Sterne an den Skalen des Schulfernrohrs ab! Ergänzen Sie die Tabelle!

Auswertung

Ermitteln Sie die Azimute und die Höhen der drei Sterne mit Hilfe der drehbaren Sternkarte! Vervollständigen Sie die Tabelle!

Die Oberfläche des Mondes

Vorbereitung

1. Ermitteln Sie günstige Zeiträume für die Beobachtung
   - des zunehmenden Mondes,
   - des Vollmondes,
   - des abnehmenden Mondes!
2. Zeichnen Sie auf ein Blatt Papier (A4) einen Kreis von etwa 10 cm Durchmesser!

Beobachtung

1. Der volle Mond *(mit dem bloßen Auge)*:
   Zeichnen Sie die dunklen Flächen (Maria) des Mondes in den Kreis ein!
2. Zunehmender oder abnehmender Mond *(mit einem Feldstecher oder mit dem Schulfernrohr)*:
   Suchen Sie nahe der Licht-Schatten-Grenze (Terminator) der Mondoberfläche Krater! Kennzeichnen Sie die Lage der/des größten Krater(s) in Ihrer Skizze zu Aufgabe 1!

Auswertung

Bestimmen Sie mit Hilfe einer Mondkarte die Namen der von Ihnen beobachteten und in die Skizze eingetragenen Maria! Versuchen Sie zu ermitteln, welche(n) auffälligen Krater Sie beobachtet haben!

Bewegungen und Phasen des Mondes

Vorbereitung

1. Ermitteln Sie den nächsten Zeitraum zwischen Neumond und Vollmond!
2. Suchen Sie sich einen Standort, von dem Sie freie Sicht in Richtung Mond haben! (Südhälfte des Himmels)
3. Zeichnen Sie von dem gewählten Standort in 2 Horizontskizzen markante Umrisse ein (Bäume, Schornsteine, Dächer, Hügel o.ä.), mit deren Hilfe Sie den Ort des Mondes kennzeichnen können!

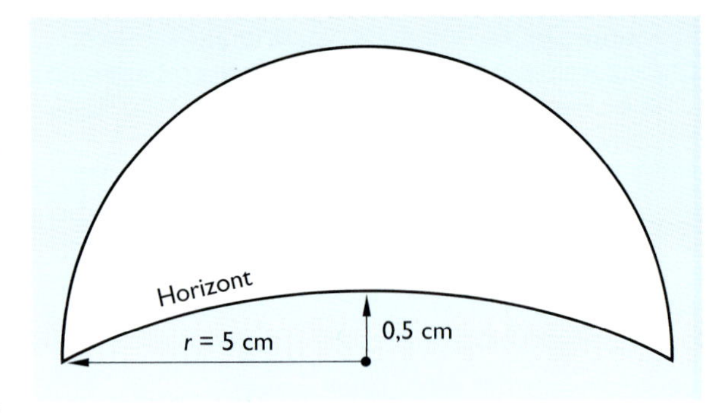

Beobachtung *(mit dem bloßem Auge)*

Beobachten Sie den Mond in einem Zeitraum von maximal 2 Wochen mindestens viermal vom selben Ort und zur gleichen Zeit (erste Beobachtung am besten ein bis drei Tage nach Neumond)!

1. Tragen Sie in die Horizontskizze 1 für jeden Beobachtungsabend
   - die Stellung des Mondes gegenüber dem Horizont und
   - die Lichtgestalt des Mondes ein! (Jeweils das Datum dazuschreiben!)
2. Zeichnen Sie in die Horizontskizze 2 für wenigstens zwei Beobachtungsabende Ort und Gestalt des Mondes
   - bei Beginn der Beobachtung,
   - etwa 1 Stunde später (andersfarbig) ein! (Jeweils das Datum dazuschreiben!)

Auswertung

1. Vergleichen Sie die Änderungen des Mondortes
   - an den verschiedenen Beobachtungsabenden zur gleichen Zeit (Skizze 1)! Erklären Sie diese Änderungen!
   - während ein und desselben Beobachtungsabends im Abstand von etwa 1 Stunde (Skizze 2)! Erklären Sie die Änderung des Mondortes!
2. Erklären Sie die Änderungen der Lichtgestalt des Mondes (Skizze 1)!

Planeten

Vorbereitung

1. Ermitteln Sie, ob Merkur, Venus, Mars, Jupiter und/oder Saturn in diesen Monaten zu beobachten sind! (Die nachfolgenden Beobachtungsaufgaben gelten selbstverständlich nur für den/die jeweils sichtbaren Planeten.)
2. Fertigen Sie eine Horizontskizze für die Südhälfte des Horizontes und Himmels an und tragen Sie einige markante Objekte (Bäume, Schornsteine, Dächer, Hügel o. ä.) ein!
3. Bereiten Sie für die Jupiter- und die Saturnbeobachtungen Zeichnungen vor, in denen der Planet als Kreis von ca. 3 cm Durchmesser erscheint!

Beobachtung *(mit dem bloßen Auge - A; mit Feldstecher oder Schulfernrohr - F; mit Schulfernrohr - SF)*

1. Versuchen Sie, Merkur am Morgen- oder Abendhimmel zu finden *(A, F)*!
2. Beobachten Sie Venus über einen längeren Zeitraum vom selben Standort annähernd zur gleichen Zeit *(A)*! Kennzeichnen Sie jedesmal den Ort der Venus am Himmel mit Datum in der Horizontskizze oder in einer Sternkarte!
   Skizzieren Sie die jeweils beobachtete Lichtgestalt der Venus *(SF)*!
3. Beobachten Sie Mars oder Jupiter über einen längeren Zeitraum *(A)*! Suchen Sie auf der drehbaren oder einer anderen Sternkarte helle Sterne in Mars- bzw. Jupiternähe! Tragen Sie den Ort des Mars/Jupiter gegenüber diesen Sternen mit Datum in eine Horizontskizze oder eine Sternkarte ein!
4. Beobachten Sie Jupiter und seine hellen Monde *(F)*! Wieviele Monde beobachten Sie? Zeichnen Sie die Lage der Monde gegenüber Jupiter in die Skizze ein! Wiederholen Sie die Beobachtung an anderen Abenden!
5. Beobachten Sie Saturn und sein Ringsystem *(SF)*! Skizzieren Sie die Lage des Ringsystems gegenüber Saturn!

Auswertung

1. Erklären Sie, warum Merkur nur in Horizontnähe kurz vor Sonnenaufgang oder kurz nach Sonnenuntergang zu sehen ist!
2. Erklären Sie, warum Venus als Morgen- oder Abendstern bezeichnet wird!
   Begründen Sie die Gestalt des Fernrohrbildes der Venus!
3. Erklären Sie die Veränderung des Mars- und/oder Jupiterortes gegenüber den Sternen!
4. Erklären Sie die wechselnde Stellung der 4 großen Jupitermonde relativ zu Jupiter! Warum sind manchmal weniger als 4 Monde zu sehen?
5. Vergleichen Sie die Lage des Saturnringsystems mit Bild 46/2 im Lehrbuch!
   Erklären Sie, warum sich die Lage des Saturnringsystems gegenüber dem Beobachter auf der Erde ändert!

Die Oberfläche der Sonne

Achtung!

Für die Beobachtung der Sonne wird das Projektionsverfahren angewendet, bei dem das Bild der Sonne oder das Sonnenspektrum auf einen Bildschirm projiziert wird. Versuchen Sie niemals, mit ungeschützten Augen oder gar durch das Fernrohr die Sonne zu beobachten! Schwere Augenschäden wären die Folge!
Auch andere Hilfsmittel (z. B. Sonnenbrillen oder Farbgläser) dürfen zu Sonnenbeobachtungen nicht benutzt werden. Sie sind kein ausreichender Schutz für die Augen!

Beobachtung *(auf dem Sonnenprojektionsschirm am Fernrohr)*

1. Beobachten Sie die Oberfläche der Sonne! Welche Erscheinungen sind auf der Sonne zu erkennen?
2. Messen Sie den Durchmesser des größten erkennbaren Sonnenflecks auf dem Bildschirm! Vergleichen Sie ihn mit dem Durchmesser des Sonnenbildes!
3. Beobachten Sie das Sonnenspektrum!

Auswertung

1. Errechnen Sie den wahren Durchmesser des größten erkennbaren Sonnenflecks!
2. Erklären Sie die schnelle Wanderung des Sonnenbildes über den Bildschirm!

Scheinbare Helligkeiten der Sterne

Vorbereitung

Bereiten Sie eine Übersicht nach folgendem Muster vor:

	Ziffernfolge
sehr helle Sterne	
helle Sterne	
weniger helle Sterne	

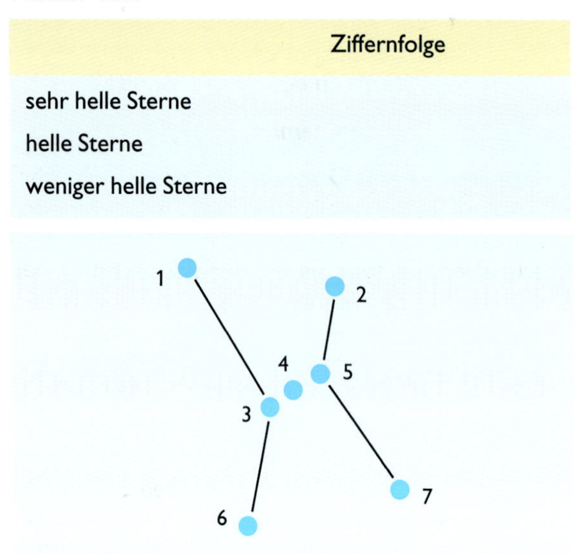

Beobachtung *(mit dem bloßen Auge)*

1. Suchen Sie mit Hilfe der drehbaren Sternkarte das Sternbild Orion an der Himmelskugel auf!
2. Ordnen Sie die sieben Einzelsterne nach ihren scheinbaren Helligkeiten! Nutzen Sie die Ziffern im obenstehenden Bild!

Auswertung

Wovon ist die scheinbare Helligkeit eines Sterns abhängig?

Farben der Sterne

Vorbereitung

1. Suchen Sie mit Hilfe der drehbaren Sternkarte die im untenstehenden Bild nicht benannten Sterne auf und stellen Sie ihre Namen fest!
2. Bereiten Sie eine Übersicht nach folgendem Muster vor:

Nr.	Name des Sterns	Sternbild	Farbe	Photosphären-temperatur
1				
2				
3				
4				

Beobachtung *(mit dem bloßen Auge)*

1. Suchen Sie die im untenstehenden Bild dargestellten Sternbilder an der Himmelskugel auf!
2. Bestimmen Sie die Farben der vier Sterne und tragen Sie diese in die Tabelle ein!

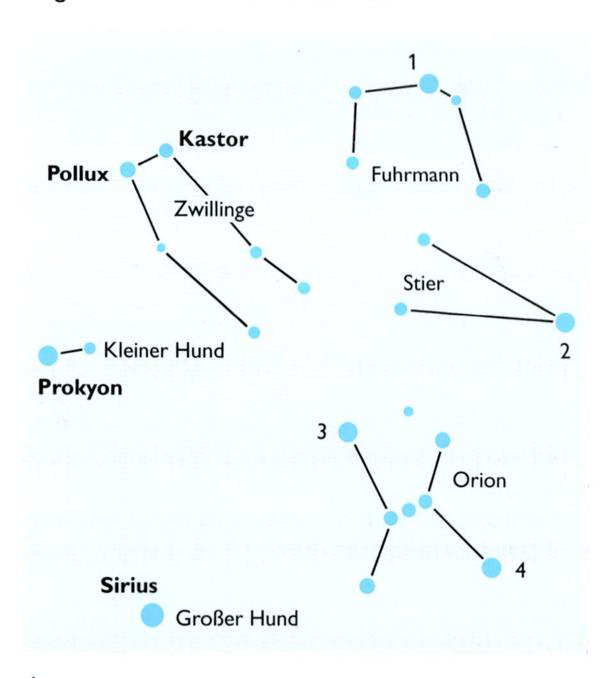

Auswertung

1. Wodurch kommen die unterschiedlichen Sternfarben zustande?
2. Ermitteln Sie die genäherten Photosphärentemperaturen der vier Sterne und ergänzen Sie die Tabelle!
3. Warum sind am Winterhimmel andere Sterne zu beobachten als am Herbsthimmel?

Doppelsterne

Vorbereitung

Skizzieren Sie das Sternbild Großer Bär (Großer Wagen) mit Hilfslinien!

Beobachtung *(mit dem bloßen Auge und mit dem Fernrohr)*

1. Beobachten Sie den Stern Mizar mit dem bloßen Auge! Sie finden unmittelbar neben ihm den Stern Alkor („Augenprüfer"). Markieren Sie den Stern Alkor in Ihrer Skizze!
2. Beobachten Sie Mizar und Alkor im Fernrohr! Skizzieren Sie den Fernrohranblick!
3. Beobachten Sie Mizar mit stärkerer Vergrößerung! Sie erkennen ihn als Doppelstern. Markieren Sie in der Skizze den helleren Stern mit A, den schwächeren mit B!

Sternhaufen

Vorbereitung

1. Suchen Sie auf der drehbaren Sternkarte den Stern Aldebaran im Sternbild Stier auf!
2. In der Nähe dieses Sterns befinden sich die Plejaden (das „Siebengestirn"). Prägen Sie sich die Lage der Plejaden relativ zu Aldebaran ein!

Beobachtung *(mit dem bloßen Auge und mit dem Fernrohr)*

1. Suchen Sie die Plejaden an der Himmelskugel auf! Stellen Sie fest, wie viele Einzelsterne dieses Sternhaufens mit dem bloßen Auge zu erkennen sind!
2. Beobachten Sie die Plejaden mit dem Fernrohr! Schätzen Sie die Anzahl der im Fernrohr sichtbaren Sterne!
3. Überprüfen Sie bei der Beobachtung mit dem Fernrohr, ob ein zentrales Ballungsgebiet von Sternen zu erkennen ist!

Auswertung

Zu welcher Art von Sternhaufen sind die Plejaden zu zählen?

Interstellare Materie

Vorbereitung

1. Suchen Sie auf der drehbaren Sternkarte das Sternbild Orion auf! Unterhalb der drei „Gürtelsterne" finden Sie den Orionnebel.
2. Prägen Sie sich die Lage des Orionnebels relativ zu den anderen Sternen des Sternbildes ein!

Beobachtung *(mit dem Fernrohr)*

Beobachten Sie den Orionnebel mit dem Fernrohr!

Auswertung

Beschreiben Sie, was Sie bei der Beobachtung des Orionnebels erkennen konnten!

Die Milchstraße

Vorbereitung

Bestimmen Sie mit Hilfe der drehbaren Sternkarte die Sternbilder, die im Bereich der Milchstraße liegen und die am Beobachtungsabend sichtbar sind!

Beobachtung *(mit dem bloßen Auge)*

Beobachten Sie die Milchstraße und geben Sie an, in welchem der am Beobachtungsabend sichtbaren Sternbilder die Milchstraße am hellsten erscheint!

Auswertung

Welche Beziehung besteht zwischen der Milchstraße und dem Milchstraßensystem (der Galaxis)?

Register

absolute Helligkeit 74 ff.
Absorptionslinie 75
ADAMS, JOHN COUCH 49, 101
Albedo 31
Andromeda-Nebel 92
Aphel 55
Äquatorsystem, rotierendes 18 ff.
Ariel 48
Astrologie 16
Astronomische Einheit 10, 30
astronomisches Fernrohr 9
Aufnahme, fotografische 8
äußerer Planet 26, 53
außergalaktisches Sternsystem 92, 96
Azimut 17, 20

babylonisches Weltbild 98
Bedeckungsveränderlicher 79, 87
Beobachtung 7 ff. 101 ff
Beobachtung, fotoelektrische 8
Beobachtungsinstrument 9
BESSEL, FRIEDRICH WILHELM 74
Bewegung, scheinbare 54
BRAHE, TYCHO 55, 100
BRUNO, GIORDANO 24
BUNSEN, ROBERT 67, 101

Callisto 44
Ceres 26, 58
Charon 51 f.
Chromosphäre 63 ff.
chromosphärische Eruption 69

Deklination 18, 20
Doppelstern 78 ff., 87
Drei-Kelvin-Strahlung 96
Dunkelnebel 90

Ebbe 33
EDDINGTON, ARTHUR STANLEY 102
Eisenmeteorit 60
Ekliptik 16, 20, 36
elektromagnetische Wellen 7, 66
ERATOSTHENES 98
erdartiger Planet 52 f.
Erde 28 ff.
-, Achsenneigung 16
-, Bahnbewegung 30, 37
-, Bewegung 30 ff.
-, Dichte 29
-, Durchmesser 28
-, Jahreszeiten 30
-, Masse 28
Erdkern 29
Erdkörper 29
Erdkruste 29
Erdmantel 29
Europa 44

Fackel 69
Fernrohr, astronomisches 9
Fixstern 22
Flut 33
fotografische Aufnahme 8
FRAUNHOFER, JOSEPH VON 101
FRIEDMANN, ALEXANDER A. 102
Frühlingspunkt 16, 20

Galaxienhaufen 7, 94 ff.
Galaxis 7, 88
GALILEI, GALILEO 24, 100 f.
GALLE, JOHANN GOTTFRIED 26, 49, 101
Ganymed 44
gebundene Rotation 34, 37
geozentrisches Weltbild 98
Gezeiten 33
GIUSEPPE PIAZZI 26, 58
Gravitation 25, 70
Gravitationsgesetz 57
Gravitationskraft 6 f.
Größenklasse 72 ff.
Großer Dunkler Fleck 50
Großer Roter Fleck 43

Halo 91 f., 96
Hauptreihe 77 ff.
Hauptreihenstern 77 ff.
Helligkeit, absolute 74 ff.
-, fotografische 73
-, scheinbare 72 ff.
-, visuelle 73
Herbstpunkt 16, 20
HERSCHEL, FRIEDRICH WILHELM 26, 47, 101
HERTZSPRUNG, EJNAR 76, 102
Hertzsprung-Russell-Diagramm 76 ff., 102
Himmelsachse 11
Himmelsäquator 11, 14, 20
Himmelsglobus 19
Himmelskugel, scheinbare 10 ff.
Himmelsnordpol 11
HIPPARCH 98
Höhe 17, 20
Horizont 11, 14
Horizontsystem 17 ff.
Horoskop 16
HUBBLE, EDWIN POWELL 88, 95, 102
Hubble-Effekt 95

innerer Planet 26, 53
interstellare Materie 90
Io 44

Jahr 10, 30
jährliche Bewegung 10
JANSKY, KARL GUTHE 102
Jupiter 22, 43 f.
jupiterartiger Planet 52 f.
Jupiterring 44

KEPLER, JOHANNES 55, 100 f.
Keplersche Gesetze 55 ff.
Kernfusion 65 f.
KIRCHHOFF, GUSTAV ROBERT 67, 101
Kleinkörper 26 ff.
Kleinplanet 26, 58 f.
Koma 59
Komet 6, 26 f., 59 f.
Konvektion 66
Koordinaten 17 ff.
KOPERNIKUS, NIKOLAUS 24 ff., 55, 99 ff.
Korona 64, 91 f., 96
kugelförmiger Sternhaufen 89, 96
Kulmination 14, 20

Leuchtkraft 8, 67, 75 ff.
LEVERRIER, URBAIN JEAN JOSEPH 26, 49, 101
Licht 7 f.
Lichtjahr 74
Linsenfernrohr 9
Loch, Schwarzes 84

Magnetfeld 64
Mars 22, 41 f.
Materie, interstellare 90
Meridian 11, 20
Merkur 22, 38 f.
Meteorit 6, 26 f., 59 f.
Milchstraßensystem 7, 88, 91
-, Halo 91 f., 96
-, Korona 91 f., 96
-, Scheibe 91 f., 96
-, Zentralgebiet 91 f., 96
Miranda 48
Monat, siderischer 34 f.
-, synodischer 34 f.
Mond 26 ff.
-, Bewegungen 34
-, Durchmesser 33
-, Krater 32
-, Mare 31
-, Masse 33
-, mittlere Dichte 33
-, Rückstrahlungsvermögen 31
-, Tiefebenen 32
Mondbahn 34
Mondfinsternis 36 f.
Mondphasen 35, 37
Mondrotation 34
Mondumlauf 34

Nadir 11, 20
Nebel, planetarischer 83
Neptun 26, 49 f.
Neutronenstern 84
NEWTON, ISAAC 57, 100 f.
Nova 84

Oberon 48
offener Sternhaufen 89, 96
Opposition 42
Orientierung 10 ff.
Orion 12, 89
Ozonschicht 28 f.

Parallaxe 73 ff., 86 f.
Parsec 74
Perihel 55
Pferdekopf-Nebel 90
Phobos 42
Photosphäre 63 ff.
Photosphärentemperatur 75 ff.
Planet 7, 25 ff.
-, äußerer 26, 53
-, erdartiger 52 f.
-, innerer 26, 53
-, jupiterartiger 52 f.
planetarischer Nebel 83
Planetoid 6, 26
Pluto 26, 51 f.
Polarlicht 70
Polarstern 11
Polhöhe 11
Protuberanz 69
PTOLEMÄUS, CLAUDIUS 23, 98

Quasar 94

Radiogalaxie 94
Radiostrahlung 102
Radioteleskop 9
Rektaszension 18, 20
Riese 79
Riesenstadium 82, 84
Riesenstern 78 ff.
Rotation 10
-, gebundene 34
RUSSELL, HENRY NORRIS 76, 102

Satellit 26 ff.
Saturn 22, 45 f.
-, Ringsystem 46
Schattenstab 14
Scheibe 91 f., 96
Scheibengalaxie 93
scheinbare Bewegung 54
-, Helligkeit 72 ff.
-, Himmelskugel 10 ff.
Schwarzes Loch 84
Schweif 59
Solarkonstante 67
Sonne 7, 62 ff.
-, Aufbau 62 ff.
-, chemische Zusammensetzung 63
-, Masse 63
-, mittlere Dichte 63
-, Radius 63
-, Strahlung 66 ff.
Sonnenaktivität 68 ff.
Sonnenenergie 65
Sonnenfinsternis 36 f.
Sonnenflecke 68
Sonnenleuchtkraft 75, 86 f.
Sonnenspektrum 67
Sonnensystem 6, 21 ff., 85
Sonnenwind 64
Spätstadium 83
Spektralanalyse 67
Spektralklasse 76
Spiegelteleskop 9
Steinmeteorit 60
Stern 7, 61 ff.
-, Entstehung 81
-, Entwicklung 82 ff.
-, Farbe 75 f.
-, Masse 80, 84, 87
-, mittlere Dichte 80
-, Radius 79, 87
-, veränderlicher 82
Sternassoziation 89
Sternbild 11 ff.
Sternhaufen 89, 96
-, kugelförmiger 89, 96
-, offener 89, 96
Sternkarte, drehbare 13 f.
Sternschnuppe 60
Sternspektrum 75
Sternsystem 7, 61 ff., 88 ff.
-, außergalaktisches 92
-, Bewegung 95
-, spiralförmiges 93
Sterntag 14
Strahlungsleistung 67
Superhaufen 7
Supernova 84

Temperatur- Leuchtkraft-Diagramm 77
Terminator 32
Tierkreis 15 f.
Tierkreiszeichen 16
Titan 46
Titania 48
TOMBAUGH, CLYDE WILLIAM 26, 51
Triton 50

Überriesenstern 78 ff.
Uranus 26, 47 f.
Uratmosphäre 85
Urknall 95 f., 103

Venus 22, 39 f.
veränderlicher Stern 82

Wandelstern 22
Wasserstoffkonvektionszone 66
Weißer Zwerg 78 ff., 83
Wellen, elektromagnetische 7, 66
Weltall 6
Weltbild des Altertums 23
-, geozentrisches 23, 27, 98
-, heliozentrisches 24, 27, 74, 99
-, kopernikanisches 24
-, ptolemäisches 23

Zenit 11, 20
Zentralgebiet 65, 91 f., 96
Zirkumpolarstern 14, 20

Bildart Photos, Berlin: 13/4, 19/1.
Deutsches Museum, München: 16/1, 22/1, 23/1, 98/1.
Deutsche Forschungsanstalt für Luft- und Raumfahrt e.V., Berlin-Adlershof: 31/1, 31/2, 32/2, 38/2, 40/1, 40/2, 44/1, 45/1, 46/1, 47/1, 48/1 (4), 49/1, 51/1, 59/1, 59/2, 60/2, 63/2, 64/1, hinterer Einband (4).
Helga Lade Berliner Bildagentur GmbH, Berlin: 11/2, 98/3.
Max-Planck-Institut für Radioastronomie, Bonn: 9/1.
USIS, Bonn: 29/1, 69/1, 72/1, 81/2, 83/1, 84/1, 88/1, 89/1, 89/2, 90/2, 93/1, 103/1, 103/3, vorderer und hinterer Einband.
VWV-Archiv, Berlin: 27/1, 31/3, 32/1, 33/1, 50/1, 59/4, 60/1, 62/1, 63/1, 69/2, 70/1, 75/1, 89/3, 90/1, 92/1, 92/2, 93/2, 94/1, 99/1, 99/2, 100/1, 100/2, 100/3, 100/4, 101/1, 101/2, 101/3, 102/1, 102/2, 102/3, 103/2.

ISBN 3-06-081008-7

1. Auflage
5 / 98
Alle Drucke dieser Auflage sind unverändert und im Unterricht parallel nutzbar.
Die letzte Zahl bedeutet das Jahr dieses Druckes.

Printed in Germany
Illustrationen: Karl-Heinz Wieland
Zeichnungen: Waltraud Schmidt
Einband, Typografie und Layout: Wolfgang Lorenz
Satz: DTP VWV
Repro: CRIS GmbH, Berlin
Druck und Binden: Westermann Druck Zwickau GmbH